你只是看起来在努力

郭春光◎编著

中国纺织出版社

内 容 提 要

方法永远比努力更重要，我们用心找对方法，再加上努力，才能在竞争激烈的生活中披荆斩棘。方法是解决一切难题的金钥匙，成功需要努力，更需要方法。

本书通过对成功要素的分析，通过生动而有趣的故事，告诉读者成功路上的各种方式，使读者能够在人生拼搏的路上，更好地把握方法，早日获取成功。

图书在版编目（CIP）数据

你只是看起来在努力 / 郭春光编著. -- 北京：中国纺织出版社，2017.5（2025.3 重印）
ISBN 978-7-5180-3197-9

Ⅰ. ①你… Ⅱ. ①郭… Ⅲ. ①成功心理—通俗读物 Ⅳ. ①B848.4-49

中国版本图书馆CIP数据核字（2017）第002821号

责任编辑：闫 星　　　　责任印制：储志伟

中国纺织出版社出版发行
地址：北京市朝阳区百子湾东里A407号楼　邮政编码：100124
销售电话：010—67004422　传真：010—87155801
http://www.c-textilep.com
E-mail: faxing@c-textilep.com
中国纺织出版社天猫旗舰店
官方微博http://weibo.com/2119887771
三河市金兆印刷装订有限公司印刷　各地新华书店经销
2017年5月第1版　2025年3月第8次印刷
开本:710×1000 1/16 印张:16
字数:240千字　定价:69.80元

在坐标轴的原点，可以延伸出方向和距离这两个变量，它们的关系错综复杂。当年轻人走出校门，站在社会的原点上时，在这新的坐标系上，却总是看不清前进的方向，无法丈量成功的距离。“一个人只有找到人生方向，才不会使自己迷失。”这句话我们常听到，对这句话，有些人提出了这样的疑问:“什么是人生方向”“我该如何设定人生方向”，也有些人会发出这样的感叹“究竟离成功还有多远”“方向与努力孰重孰轻”。

其实，这些问题的答案很简单，其中的道理大家也都再熟悉不过了，只是在生活中人们会经常出现急功近利的想法，致使很多人迷失了自己的方向。一个具有崇高理想和远大志向的人，毫无疑问会比一个根本没有目标的人更有作为。有句苏格兰谚语说:“扯住金制长袍的人，或许可以得到一只金袖子。”那些找准人生方向的人，所取得的成就必定远远离开起点。即使你的目标没有完全实现，你为之付出的努力本身也会让你受益终生。

大凡成功人士，都把明确人生方向作为自己努力的推动力。而成功的方法就是，必须明确自己的方向，一个脚印一个脚印地走。成功人士与平庸之辈最根本的差别，不在于天赋，也不在于机遇，而在于有无明确的人生方向。重要的不是努力，而是努力的方向，历史上无数成功的案例诠释了这一道理：林肯致力于解放黑奴，并因此而成为美国最伟大的总统；海伦·凯勒专注于写作，因此，尽管她双目失明、两耳失聪，但她还是创造了自己人生的辉煌；福烈兹专心于生产利润低微的小酵母饼，结果这种酵母饼行销全球。这些人的成功无不源于曾经明确的人生方向。

当人们的行动有了明确的方向性，并且把自己的行动与目标不断加以对照，清楚地明白自己的努力速度和与目标的距离时，行动的动机就会因此维持和加强，人就会自觉地克服一切困难，努力达到目标。方向不当势必牛头马面，选择失误肯定南辕北辙。有了明确的人生方向，才会有希望，才能有梦想，也才能激发潜能，创造卓越的奇迹。

正确的方向可以让我们少走弯路，当然，并不是说成功可以有快捷方式，相反的是，不论选择什么样的方向，努力都是必须的。有一个更简单的道理是：不论做什么事情，努力也许暂时不一定会成功，但不努力，就一定不会成功。选择正确的方向，只不过是努力的前提，更重要的是，要想成功，必须努力。

编著者

2016 年 2 月

目录

第1章

重要的不是你现在站在什么位置，而是朝向什么方向

许多成功的人不是赢在起点，而是赢在转折点，这预示着人生重要的不是你现在所处的位置，而是你所朝的方向。一个人的初始点，即他所拥有的金钱及地位，而他所面朝的方向就是其今后所要前进努力的方向。不管你从哪里出发，重要的是你的方向，你要知道自己往哪里去，只有这样你才有可能走向成功。

没有梦想，便永远无法到达心中的远方

美国著名作家杜鲁门·卡波特说："梦是心灵的思想，是我们的秘密真情。"梦想对于每个人来说，它有一种巨大的魔力，能够不断地召唤着前进，寻找着心中的远方。无论自己的梦想是多么模糊，不管自己的梦想是多么的不可思议，年轻人都要听从心中梦想的召唤，紧紧跟随着它，坚持不懈地走下去，那梦想就会变成现实。"永不放弃"是梦想成真的信念，只有不懈地坚持，自己的梦想才能成就辉煌。有人认为，梦想是一种虚无缥缈的东西，并没有什么作用。其实，这种想法是错误的，梦想能够使人产生一种力量，一种信念，更重要的是，梦想能够成为现实。马云最初梦想着创建阿里巴巴的时候，有人甚至讽刺他："你要是能创建阿里巴巴，轮船都能开到喜马拉雅山上去。"然而，马云并没有放弃自己的梦想，他凭着不懈的努力，不但成功地创建了阿里巴巴，而且使阿里巴巴成为世界五大网站之一，最终到达了自己心中的远方。

赛尼·史密斯6岁的时候，他在威灵顿小学读一年级。一天，老师玛丽·安小姐给学生们布置作业，让大家说出自己未来的梦想，班上同学十分踊跃，纷纷说出自己的梦想。特别是赛尼，他一口气就说出两个梦想：拥有一头属于自己的小母牛，另一个就是去埃及旅行。但是，班里有一个叫杰米的男孩子一下子没想出自己未来的梦想，因为他能想到的，别人都已经说了。为了让杰米拥有一个自己的梦想，玛丽·安小姐建议杰米向同学购买一个，在老师的见证下，杰米花了3美分向赛尼购买了一个梦想，也就是"去埃及旅行"。

40年过去了，赛尼·史密斯已经到了中年，在过去的日子里，赛尼去过许多国家，如丹麦、希腊、中国、日本，然而，他没有去过埃及。难道赛尼不想去埃及吗？赛尼说："自从我卖掉去埃及的梦想之后，我就从来没有忘记过这个梦想。但是，作为一个虔诚的基督教徒，我不能去埃及，因为我已经把这个梦想卖掉了。"带着强烈的愿望，赛尼决定赎回自己的梦想，因为他觉得只有这样，自己才能心安理得地踏上那片土地。但是，赛尼·史密斯没能如愿以偿，因为联邦法院认定，那个梦想现在已经价值3000万美元了。

而作为购买赛尼梦想的杰米，在这40年来，他怀揣着梦想考上了华盛顿大学，鼓励儿子考入斯坦福大学。在梦想的感召下，杰米的人生获得了极大的成功，他在芝加哥拥有6家超市，总价值超过2500万美元。杰米说："如果我没有那个去埃及旅行的梦想，我是绝对不会拥有这些财富的。"梦想对于杰米而言，已经成为生命里不可分割的一部分。

花上3000万美元赎回一个以3美分卖出去的梦想，这在许多人看来都是不可思议的。但是，对于赛尼来说，即使倾家荡产，自己也要赎回那个梦想，因为他知道，人的一生中最珍贵的东西就是梦想，它预示着前进的方向。也许，年轻人内心也有着这样或那样的梦想，然而，在追逐梦想的过程中，挫折与困难无所不在，也很容易就会放弃，最终与梦想失之交臂。其实，梦想是年轻人生命中最珍贵的一部分，永不放弃自己的梦想，用心飞到梦想之地，让生命绽放别样的光芒。

一位穷苦的牧羊人带着两个年幼的儿子，依靠给别人放羊来维持生活。有一天，父亲带着儿子赶着羊来到一个小山坡，他们看到了一群大雁，鸣叫着从天上飞过，并很快从视野中消失了。小儿子问父亲："大雁要往哪里飞？"牧羊人回答："为了度过寒冷的冬天，它们要去一个温暖的地方安家。"大儿子眨着眼睛羡慕地说："要是我们也能像大雁一样飞起来就好了，那我就要比大雁飞得还要高，去天堂看望妈妈。"小儿子也对父亲说："做一只会飞的大雁多好啊！可以飞到自己想去的地方，那样就不用放羊了。"牧羊人沉默了，然后对儿子们说："如果你们想，你们也会飞起来的。"两个儿子试了试，但并没有飞起来，他们疑惑地看着父亲。

牧羊人说："看看我是怎么飞的吧。"可是，他也没能飞起来，但是，他却肯定地告诉两个儿子说："可能是因为我的年纪太大了，才飞不起来，你们

还小，只要不断地努力，就一定能飞起来，去你们想去的地方。”从此，在兄弟俩心中有了一个飞翔的梦想，长大后他们终于飞起来了，他们就是美国的莱特兄弟。

黎巴嫩著名诗人纪伯伦曾说：“我宁可做人类中有梦想和完成梦想愿望的、最渺小的人，而不愿做一个最伟大的无梦想、无愿望的人。”人类最可贵的本能就是对未来充满梦想，我们不仅要种下梦想的种子，而且应该让梦想的种子长成参天大树。所以，年轻人，不要放弃自己的梦想，用心灌溉，寻找心的远方，总有一天，梦想会变成现实。

努力启示

中国探险家余纯顺在临行罗布泊时曾说：“我也许真的会失败，但我不能放弃这个梦想，就是失败，我也要当失败的英雄。”梦想是年轻人未来的目标，是不懈奋斗的动力。在这个世界上，不管自己身在何处并不重要，重要的是我们应该朝着什么样的方向前进，一旦放弃了梦想，就意味着放弃了前进的方向。所以，怀揣着梦想前进吧，用心飞到自己的梦想之地！

先定位自己，才能定位未来

歌德曾说过这样一句话：“一个人要想成功，首先要视自己比实际的自己更伟大才行。”人生漫漫征途，在前进的旅程中，年轻人要找准自己的位置，在生活这片蓝天里，给自己准确定位，因为只有定位了自己，才能定位未来。人活于世，每个人都有自己的价值，都是独一无二的自己，年轻人切不可因为在某方面逊色于别人而失去自我。当然，每个人都希望自己能够翱翔于蓝天，驰骋于大地，但是，在梦想开始放飞之前，年轻人需要清楚地认识自己，你是否具有翱翔的能力？你是否能够驰骋于大地？如果在没有了解自己的情况下就擅自定位，一旦梦想跌落，内心的失望是无法忽视的。另外，无法给自己准确定位，只会导致好高骛远或者内心自卑。每一个人都是特殊的个体，上帝赋予了我们独特的个性，只要年轻人走出盲目模仿别人的樊篱，找准自己的位置，人生将会变得丰富多彩。

大卫·奥格威曾当过推销员，做过农夫，当过外交官。他移居美国，同时不断往来于欧洲大陆。年轻时的奥格威雄心勃勃，他有两个梦想：一是拥有一部劳斯莱斯汽车，一是获得爵士爵位。于是，每到黄昏的时候，他都会去英国国会下议院，坐在观众席里倾听别人讨论，他渴望自己有一天也能参加这里的讨论。但是，突然有一天，奥格威发现自己对这一切失去了兴趣，他对自己说："这里并不适合我。"然后，他就站了起来，以一种坦然而轻松的心情走出了下议院，之后，他的内心却充满了焦虑：自己 38 岁了，自己的人生还能辉煌吗？没过多久，奥格威创办了一家广告公司，经过多年的发展，他被誉为现代广告的"教皇"。

大卫·奥格威找准了自己的位置，定位了精彩人生。奥格·曼蒂诺曾这样写道："我们的命运如同一颗麦粒，有着三种不同的道路。一颗麦粒可能被装进麻袋，堆在货架上，等着喂给家禽；有可能被磨成面粉，做成面包；还有可能撒在土壤里，让它生长，直到金黄色的麦穗上结出成千上百颗麦粒。人和一颗麦粒唯一的不同在于：麦粒无法选择是变得腐烂还是做成面包，或是种植生长。而我们有选择的自由，有行动的自由，更有心的自由。我们不该让生命腐烂，也不会让它在失败、绝望的岩石下磨碎，任人摆布。"悠悠生命历程里，年轻人要给自己准确定位，展现出自己的人生价值。

活着，就要学会善待自己，在失意时鼓励自己，在得意时勉励自己。在漫漫人生旅途中，年轻人无法避免偶尔的挫折与困难，但是，不管将受到什么样的打击，即使正在经历着痛苦、难堪，年轻人都不应该忽视了自己的价值，不要觉得自己一无是处，也不要妄自菲薄。以一份崇高的使命感，展现出自己的人生价值。

有一天，国王来到花园散步，当他看到花园里的景象时，不禁大吃一

惊。前些日子还绿意盎然的花园变得十分荒凉，美色早已不在。带着满腹疑团，国王询问了园丁："究竟发生了什么事情啊，怎么花园会变成这样？"

园丁叹息着说："我尊敬的国王啊！这是因为橡树认为它比不过松树的高大，所以死了；松树因为比不过葡萄能结果子，所以也死了；而葡萄因为不能像橡树一样直立，因此也死了；至于其他的植物花卉，也都是因为各有比较而死去了。所以，花园终于因此而渐渐荒凉起来了。"听了园丁的话，国王陷入了沉思，一会儿，不经意抬头之间，他发现了花园里的草地依然生机蓬勃，不禁好奇地问园丁："为什么其他植物都枯死了，只有这一片草地依然绿意盎然呢？"园丁微笑着说道："这是因为小草们并不想成为松树、橡树、葡萄或者其他植物，它们知道自己的价值是什么，所以也只想做它们自己而已。因为这样的想法，所以，它们自然就生机蓬勃，绿意盎然！"

每个人都想成为高大的树木，渴望矗立在高处俯瞰这个世界，但是，生活的现实与残酷却让我们成为了一颗颗小草。与其他人相比，自己的生活显得那么不堪，于是，许多人觉得自己没有价值，或许将在庸庸碌碌中度过一生。其实，小草也有它的价值，当所有高大的树木都已经枯亡时，那一片绿意盎然的小草却释放着最后的美丽。它们并不想成为高大的树木，它们深知自己的价值是什么，只想做它们自己，怀着这样一份希望，它们自然生机勃勃、春意盎然。如同小草一样，我们每一个人都有自己的价值，没有任何人或事能够取代我们，也没有任何人或事能够贬低我们，除非年轻人自己看轻了自己、自己贬低了自己。

努力启示

每个人都有属于自己的独特价值，年轻人应该接纳自己。而且，自身价值的大小并不在于他人的评价，而是在于我们给自己的定位。一个人的价值是绝对的，坚持自己，重视自己的价值，给自己成长的空间，每个人都会成为"无价之宝"，如此你才将告别平庸的人生。

在持续努力之前，看清自己是否选对了方向

有句话说得好：方向不对，努力白费。或许，你每天都在加班，工作起来从来不惜力，甚至还是一个彻头彻尾的完美主义者，但是最后所取得的成绩却是寥寥。那么，年轻人，你在持续努力之前，是否选对了方向呢？当我们在穿衣服系扣子的时候，如果第一颗纽扣扣错了，那下面的扣子肯定会跟着出错。人生是一样的道理，如果我们选择的方向不对，那不管我们付出多少倍的努力，那最终的结果南辕北辙。甚至，当我们付出的努力越多，却偏离自己想要到达的地方越来越远。

法国著名科学家法伯发现了一种很有趣的虫子，这种虫子有一种“跟随者”的习性，它们外出觅食或者玩耍，都会跟随在另一只同类的后面，从来不敢换一种思维方式，另寻出路。发现这种虫子后，法伯做了一个实验，他花费了很长时间捉了许多这种虫子，然后把它们一只只首尾相连放在了一个花盆周围，在离花盆不远处放置了一些这种虫子很爱吃的食物。一个小时之后，法伯前去观察，发现虫子一只只不知疲倦地在围绕着花盆转圈。一天之后，法伯再去观察，发现虫子们仍然在一只紧接一只地围绕着花盆疲于奔命。七天之后，法伯去看，发现所有的虫子已经一只只首尾相连地累死在了花盆周围。

后来，法伯在他的实验笔记中写道：这些虫子死不足惜，但如果它们中的一只能够越出雷池半步，换一种思维方式，就能找到自己喜欢吃的食物，命运也会迥然不同，最起码不会饿死在离食物不远的地方。

这种只会跟随的虫子，不具备把握自己、选择方向的能力，他们用生命换回来的努力，最终也都是在可悲地做着无用功。

现实生活中，是否也有很多这样的人呢？拥有自己的方向，并懂得正确

努力的人，就如一个高尔夫球高手一般，才会在生活这唯一一次的竞赛中取得优异的成绩。

威廉是一个十分勤奋的青年，他特别希望在各个方面超越别人。经过多年努力，依然没有什么成效，他对此感到迷茫，希望智者能为自己指引一个方向。

这时智者叫来自己的三个弟子，嘱咐弟子们把威廉带到山上，打一担自己认为最满意的柴火。于是，威廉和智者的三个弟子沿着门前的江水直奔山上，智者则在门前等他们。

过了一阵子，首先回来的是威廉，他扛着两捆柴火，智者让他在一边休息。不一会儿，智者的两个弟子也扛着柴火回来了。最后回来的是小弟子，他从江面上划来一个木筏，上面载着八捆柴。威廉看见如此情形，解释说："我刚开始就砍了六捆柴火，扛到半路，走不动了，只好扔了两捆；又走了一会儿，还是感觉柴火压得自己喘不过气来，又扔掉两捆。最后我只把这两捆柴火扛回来了，大师我真的已经很努力了。"这时大弟子说："我和他刚好相反，刚开始，我们两各自砍了两捆柴火，我和师弟轮流担，觉得很轻松，最后，我们还把这位施主丢弃的柴火都挑了回来。"这时小弟子说："我个子矮，没什么力气，这么远的路程，就是一捆柴也很难挑回来，所以，我选择走水路，自己造了一个竹筏，结果就这样回来了。"

智者听了，微微颔首，然后走到威廉面前，拍着他的肩膀，语重心长地说："一个人要走自己的路，无可厚非，关键是如何走；走自己的路，让别人说，也无可厚非，关键是你走的路是否对。年轻人，你要永远铭记：选择方向比努力更重要，选错了方向再努力也是白费力气。"

人生有很多条道路，路到尽头，我们就应该及时转弯。我们总是敬佩那些执着努力的人，他们的精神被宣扬成主旋律，感染着许多青年人热血沸腾地努力拼搏。但你是否在其中保持一个辨别方向的清醒的头脑呢？有人做过统计，在一般人所作的努力中，无效努力的成分占到80%以上；而造成你的成功的有效努力的成分仅占20%左右。这依然符合80/20法则的规律。

因此，我们可以说，积极地开发自己，调动自己的积极性，执着地努力，这些都是年轻人不二的选择。在这中间，你还应该注意：选择正确的方向，始终正确地努力，不要只顾盲目地奔跑，而失去了思考的能力。

别成为“有潜力”的受害者，努力才是人生的方向

或许，你正生活得如鱼得水，处处展现极具魅力的自己。当然，很多成功人士都会拍着你的肩膀说：“你常常沾沾自喜，不自觉地将自己定义为“潜力者”。什么是潜力者？在大多数年轻人看来，潜力者就是拥有能力的人，对于这些人而言只是需要一些机会而已，所以努力对他们而言反而没那么重要了。但是，年轻人，别人夸你有潜力，是好事，但也有可能是坏事。毕竟，潜力只有真正地化为行动，才是你的能力。最可惜的是那些有潜力却不努力的人，一辈子抱着自己的潜力，却无从发挥，空余嗟叹，空留悔恨。

生物学家曾做过这样一个有趣的实验：他曾经将跳蚤随意地向上一抛，它能从地面上跳起一米多高，但是，如果在一米高的地方再放个盖子，这时，跳蚤跳起来，撞到了盖子，而且一再地撞到了盖子。这样过了一段时间，生物学家拿掉了盖子，发现跳蚤虽然还在继续跳，但它们已经不能跳到一米以上了，直至跳蚤结束了生命，它们再也跳不到一米以上了。这是为什么呢？其实，理由很简单，因为跳蚤调节了自己跳的高度，而且，逐渐适应了这种情况，不再改变。

这个现象就是心理学上著名的跳蚤效应，不仅跳蚤如此，人也一样，有什么样的目标就有什么样的人生。许多人不敢去追求梦想，不是梦想太远，

而是因为他们心里已经默认了一个“高度”，而这个高度常常使他们受限，所以，他们看不到未来确切的努力方向。

跳蚤是具有潜力的，但是它却无法跳出一米以上的高度，原因不仅仅在于它默认自己人生的高度，而在于潜力这回事就是逼出来的，如果你不去逼迫自己，潜力就只是潜力，它根本没办法自己转化为能力。对于年轻人而言是一样的，如果你仅仅被人称赞有潜力，但如果你只是满足现有的生活，不再努力，那你最终只是一个潜力者，而非一个成功者。

年轻人经常听到这句话：你很有潜力。这句话本身会给予潜力者较大的虚荣心，让其产生无限的满足感；当然，如果旁边的人听到这样的话，他会高估潜力者的实力，等到了实际工作中，不管潜力者是否努力，旁边的人都会说：你并没有发挥出自己的潜力。一个人具备潜能，但如果一辈子不努力不尝试，最终只会默默无闻、悄无声息，但是如果你努力将潜力转化为能力和实力，那人生才会呈现出夺目的光芒。

威廉在某大学音乐系研修钢琴，他的老师是一位著名的音乐大师。当威廉上课的第一天，就收到了老师递过来的一份乐谱：“试试看吧！”这份乐谱看上去难度很大，所以威廉在演奏时出了很多错误，不过老师只是鼓励他说：“看来还不太熟悉，回家去多练习吧。”威廉回家后认真地练了一个星期，觉得自己水平有所提升，正打算让老师看看自己的进步。但没料到，老师又给自己一份难度更大的乐谱，且以相同的语调说：“试试看吧。”威廉尽管心里有些想拒绝，但还是硬着头皮迎战。没想到，到了第三周，老师又拿出更难的乐谱。威廉为此十分为难，因为他每周都要对一份全新的且难度系数很大的乐谱挑战。而且，每次前一份乐谱还没练熟，后面一份乐谱又来了，这让威廉很受挫，他深深地感觉到自己根本不适合学钢琴。

就在威廉打算放弃学钢琴的时候，老师又给了一份全新的乐谱。瞬间，威廉的心简直跌到了冰窟，自己已经练习钢琴3个多月了，基本每周老师都会拿出新的乐谱，不断提高难度。威廉勉强打起精神，开始练习，一会儿老师进来了，威廉忍不住抱怨了，为什么这三个月老师不停地折磨自己呢？

这时老师并没有说话，而是拿出最早的那份乐谱，交给威廉：“你先来试试这份乐谱吧。”令人意想不到的事情发生了，在威廉的弹奏下，美妙动听的钢琴曲缓缓流出，老师这时才说：“假如我不这样训练你，或许你到现在还是在练习这份乐谱，当然，你也不会达到这样的程度……”

在生活中，每个人身上都蕴藏着挖掘不完的潜能，只是它们无一例外地都被人忽视了。但是，只要我们足够努力，就可以激发出身体里的潜能，并获得自己想要的东西。一旦潜能得到激发，就会唤醒巨大的力量，那任何事情都会出现奇迹。

年轻人被称赞有潜力是一件好事，最好的是将这件好事变成更好的事情，那就是努力。岁月如梭，人生的常态却是努力。即使努力后的梦想依然有可能会破碎，但在那些拼搏努力的瞬间，已经将自己的潜力最大程度地转化为了能力，而且拥有了不可忽视的光芒和热度。如果不努力，潜力等于零，一个不能将潜力转化为实际能力的人，更是对自己人生的一种辜负。

人生要勇于选择，要学会选择

人生好比一座山峰，需要我们去攀登。在攀登的过程中，有悬崖也有峭壁，这时就需要有勇气去攀登。选择和勇气是成功的前提，拥有勇气，你就向成功迈进了一步。其实，所谓的成功者，与其他人的唯一区别就在于选择，别人不愿意去做的事，他去做了，而且全身心地去做。所以，成大事其实只需要那么一点点勇气。

人生要勇于选择，强者从来不知道什么叫失败，他们让人敬佩的地方不在于永不言败的精神，而是它那屡败屡战、越战越勇，最终达到胜利的勇

气。一个人即使什么都没有了，但至少还有勇气，那是人生最大的财富；有了勇气，就拥有了一切，就成了战胜众人、夺得王者之位的强者！如果失去了金钱，失去的也只是一点点；失去了工作，你就失去了许多；如果你失去了勇气，那你就什么都失去了。有人认为勇气是天生的，事实上，勇气大部分靠的是后天锻炼和培养的。现实中，如果一个人缺少了勇气？哪怕有再多的知识、再强健的体魄，也无济于事。

日本三洋电机的创始人井植岁男，成功地把企业越办越好。有一天，他家的园艺师傅对井植说："社长先生，我看您的事业越做越大，而我却像树上的蝉，一生都坐在树干上，太没出息了。您教我一点创业的秘诀吧？"井植点点头说："行！我看你比较适合园艺工作。这样吧。在我工厂旁有2万坪空地，我们合作来种树苗吧！树苗1棵多少钱能买到呢？""40元。"井植又说："好！以一坪种两棵计算，扣除走道，2万坪大约种2万棵，树苗的成本是不到100万元。3年后，1棵可卖多少钱呢？""大约3000元。""100万元的树苗成本与肥料费由我支付，以后3年，你负责除草和施肥工作。3年后，我们就可以收入每棵3000元，共2万棵，应为6000万元！到时候我们每人一半利润。"听到这里，园艺师傅却拒绝说："哇？我可不敢做那么大的生意！"最后，他还是在井植家中栽种树苗，按月拿取工资，白白失去了致富良机。

很多时候并不是你的能力不行，也不是你没有机会成就大事业，而是选择了安逸的人生。成功者不是这样，他们敢于与命运抗争，劲头十足，不断前进，直到取得自己满意的结果。谁也不想使自己的一生碌碌无为，人人梦想一生成功、富贵，可是只有少数人与成功、财富结缘。我们常抱怨自己没有遇到好机会、生不逢时，然而机会一旦降临，你是否有足够的勇气和胆识去把握？中国首富陈天桥无视破产和合作商撤资的危机，坚定自己的信念，勇敢果断地选择进军网络领域，刮起了一股网络旋风，创造了令人惊叹的财富奇迹。

威尔逊在创业之初，他的全部家当就只有一台分期付款的爆米花机，价值50美元。第二次世界大战之后，威尔逊做生意赚了点钱，他决定从事地皮生意。当时，在美国从事地皮生意的人并不多，战后大多数都比较穷，买地皮修房子、建商店的人很少，地皮的价格也很低。当威尔逊骄傲地宣布自己的决定时，遭到了亲朋好友的反对，大家都对他说：“你太自信了，到时候一定会输得很惨。”然而，威尔逊却固执己见，相反，他认为家人和朋友的目光太短浅了，他认为美国作为战胜国，其经济应该很快就能进入发展期，而那时买地皮的人增多，地皮的价格就会暴涨。

于是，威尔逊用自己的积蓄再加上贷款在市郊买下了很大的一片荒地，然而，这块土地地势低洼，不适宜耕种，简直无人问津。不过，威尔逊还是决定买下这块土地，他预测：美国经济很快就会繁荣，城市人口增多，市区会不断的扩大，必然向郊区延伸，在不久之后，这块荒地就会变成黄金地段。

一两年过去了，威尔逊的预言成真了，美国城市人口剧增，市区迅速发展，大马路一直修到了威尔逊那块土地上。这时，人们发现这块土地风景宜人，是一个夏天避暑的好地方。于是，这块土地的价格倍增，很多商人竞相出高价购买，但是，威尔逊却有着长远的打算。他在这块土地上盖起了一座“假日旅馆”，由于地理位置比较好，开业后生意兴隆，从那以后，威尔逊的生意越做越大，在世界各地都有威尔逊的“假日旅馆”。

威尔逊创业的决定遭到了亲朋好友的反对，他们对于威尔逊的计划颇有不屑，认为他简直是“孤芳自赏”，然而，事实证明威尔逊的决定是明智的，他凭着正确的选择而开创了自己的事业。假如，威尔逊当初没有坚持自己的意见，放弃了地皮生意，那么命运将又是另外一种结果了。所以，学会选择是很重要的。

努力启示

人生，最重要的事情之一就是勇于选择，尽管我们无法选择起点和终点，但在这之间充满着无数个选择的机会。如果年轻人想实现自己的梦想和价值，那就必须善于选择自己的人生之路。勇敢地选择自己想走的路，学会选择自己想走的人生，然后朝着这个方向一直走下去，美好的世界往往在尽头。

对自己选定的人生方向不迷茫，持续努力

很多年轻人在刚刚步入社会时，大多拥有自己的想法，给自己设计了诸多条成就大事的道路。然而很多人没用多久，在压力及现实面前，高高地举起了双手，早早地屈服了。自己理想只存留于幻想中，甚至越来越不被提及。

曾有人形象地把人比作一条船。在人生的海洋中，有的人像无舵船，他们幻想能漂到一个富裕繁荣的港湾。而现实证实这多数是一种幻想和奢望。面对风浪海潮的起伏变化，他们束手无策，只能随波逐流，幸运的能漂进某个避风港，不幸者可能触礁或搁浅。但那些成功者，他们花时间研究计划、确定目标和航向，他们坚持走属于自己的路，从此岸到彼岸，有计划地行进。他们勇敢地做自己心灵的舵手。

理查德这位大学毕业的高才生，最令人诧异的一点，就是他没有成为哪个大企业的骨干，某个科研项目的专家，而是成了一个出类拔萃的油漆匠。

说起理查德，不得不提到他的父亲。这位从墨西哥偷渡过来的老一辈非法移民就是凭着一手好油漆活，在洛杉矶站住了脚。在一次大赦之后，这位老油漆匠拿到了绿卡，成了美国公民。

从小聪明又懂事的理查德经常在放学以后帮助爸爸干油漆活。几年下来，理查德的手艺大有长进不说，而且有些方面还大有创新，连老爸都有点自叹不如。

理查德在校的学习成绩总是在全年级前三名，并且社区服务的记录也是全校最荣耀的，还获得过全美中学生美术展油画铜奖，这就使得他轻而易举地被哈佛大学录取了。

理查德在哈佛求学的过程中，成绩在班上总是名列前茅。但理查德每次来信，都要对星期天没法摸摸油漆活而大发牢骚。或者，就是盼着早点放假，回家来摆弄油漆。四年很快过去了，理查德虽然成绩优秀，但坚持不上研究院，而是在洛杉矶找到一份薪水蛮高而且非常体面的工作。

工作半年多，理查德的表现相当出色，但他心里总是不忘油漆活。有一次，公司的老板因为理查德工作优秀，就问他对公司有哪些看法，有些什么要求。理查德说，公司把有些部件拿到外面去做油漆不仅成本很高，而且质量也不理想，如果公司成立油漆部，就会很好解决这个问题。老板笑着说："这谈何容易？买设备倒是小事，招聘优秀的油漆技师可不是一件容易的事情。"理查德说："用不着招了，你面前就有一个。"于是，理查德把自己的经历同老板说了个明白，并且，还把招一些年轻人由他亲自培训的构想和老板进行了沟通。老板当即决定，成立油漆部，由理查德任经理兼技师。

理查德兴冲冲地告诉老爸自己提升了。当老爸知道儿子任油漆部经理时，半天没说出话来。虽然家里人一再劝理查德三思而后行，但理查德坚持走自己的路。经过几年的努力，这个油漆部的工作非常出色，白宫有些用品都指定在这里加工。

许多事例证明，别人给予你的意见和评价，往往不是最正确的。20世纪最伟大的科学家爱因斯坦4岁时才会说话，7岁才会认字。老师给他的评语是"反应迟钝，不合群，满脑袋不切实际的幻想"。享誉世界的音乐家贝多芬学拉小提琴时，技术水平并不高，他宁可拉他自己作的曲子，也不肯做技巧的改善，他的老师说他绝不是个当作曲家的料。大文豪托尔斯泰读大学时因成绩太差而被劝退学。老师认为他"既没读书的头脑，又缺乏学习的兴趣"。如果以上诸位成功人士不是走自己的路，而是被别人的评论所左右，那他们就不会取得举世瞩目的成就。

几十年前，一位住在犹他州首府盐湖城的年轻人做了一件反常的事，令认识他的人大跌眼镜。在这之前，他因为工作勤勉努力，生活节俭有规律而被所有朋友称道。

他做了什么呢？原来他从银行中取出他的全部积蓄买了一部新车，这还不是最"愚蠢"的，当他把新车开回家后，就在车库里动手拆卸汽车，车

库里摆满了零零散散的汽车零件。他仔细检查了每个零件，然后又把汽车装好，这个行为重复了许多遍，人们对此感到大惑不解，嘲笑他是不是“疯了”。

几年后，那些嘲笑过这位年轻人的人们不得不承认他们错了，而这位年轻人开始制造汽车了。他的产品领导了整个汽车工业，他还在汽车这个领域做了许多有价值的改进和革新，他成功了。这个当年反复拆装汽车的年轻人名叫沃尔特·珀西·克莱斯勒。

很多特立独行的成功者在走自己的道路的过程中，总会听到别人不同的意见，但他们对自己的信念始终坚定不移，当别人对你的行为抱有怀疑甚至是反对的态度时，坚持自我的意见，才能有更大的突破。如果你对自己选择的路不迷茫，持续努力，那未来一定会有所收获。

努力启示

年轻人，你不必过于在意别人的看法。用心思考，你会发现，几乎每一个成功的故事都源于一个伟大的想法，而故事的主人公无一例外地会遇到怀疑和困境。而他们的过人之处就在于能够使这些杂音在头脑中沉寂下来，让自己静静地倾听真正的声音。他们的“疯狂”并非真的盲目，其中蕴含着目的，蕴含着方法。人活着并不是因为千篇一律而有所价值，那些伟人，都是拥有自己独特的思想，并坚持自己人生方向的人。

第 2 章

你知道自己想去哪里，世界都会为你让路

年轻人，你还记得自己当初的梦想吗？随着时间的逝去，你的梦想变得近了、还是淡了，或许已经丢了？你是否还在持续努力呢？还是很无奈地选择放弃呢？……又有谁能阻挡你，是别人还是自己，只要你知道去哪儿，全世界都会为你让路。

时光，会把最好的留给最优秀的

尼采曾说:“如果你想走到高处，就要使用自己的两条腿！不要让别人把你抬到高处；不要坐在别人的背上和头上。”在这个过程中，你的每一分努力都有时光的见证，而时光会将那些最好的留给最优秀的你。一个人要想成就大事，从心底里感受到生命的充实，那就必须靠自己。所有的事实都证明:“一切靠自己”是最明智的人生理念。虽然年轻人可以靠父母和亲戚的庇护而成长，因爱人而得到幸福，但是不管怎么样，人生归根到底还是要靠自己的努力。

作为第一位黑人主持人以及《时尚》杂志的模特，备受世人尊敬与爱戴的奥普拉·温费瑞是一位真正的新时代职业女性。当然，在现实生活中，并不是每个人都能成为奥普拉，但是使奥普拉获得成功的力量却是每个人都所拥有的，那就是成功的决心。

奥普拉小时候因为家境贫寒只能穿麻袋做的衣服，还曾被人当作“麻袋少女”而嘲笑。因为她是私生女，所以从小她一直生活在受歧视，受虐待的坏境里，在她9岁的时候惨遭表哥的强暴。14岁的时候，她成了一名未婚妈妈，并且痛失自己的孩子。这一切的不幸遭遇，使她离家出走并沾染上了毒品。

可是，当她觉得自己的生活不可能再这样被重复的时候。她开始下决心戒掉毒品，对于她来说是相当困难的。但是，她还是在自己坚韧的意志中成功了。为了成为一名优秀的脱口秀主持人，她决心一步一步来，由于从小的家庭环境，没有很好基础，所以每一步走起来都是异常困难的。但是她从来没有放弃过，在她的字典里，没有什么事情是不可能的，“除非你不愿意去做”，所以，最后当她美丽地站在镁光灯下面，她可以大声地说“我以自身的努力，享受到了收获的快乐”。

并不是每一个人都能成为奥普拉，但是只要你拥有奥普拉一样的决心，就会像她一样获得成功的青睐。时光，最终把最好的东西留给了最优秀的奥普拉。

威廉·李卜克内西说：“才能的火花，常常在勤奋的磨石上迸发。”你是勤奋还是懒惰，时光会是最好的见证。如果一个人是勤奋的，那么他就拥有了成功的机会；如果一个人是懒惰的，那么他就一定不会成功。勤勉和成功是互相制约的，虽然你的勤劳并不一定会给你带来成功，但是无论如何，每个人都要努力工作，因为这是导致成功的最基本的条件。

杨润丹是美国杨氏设计公司的总裁，同时，她也是一位资深生活设计师。早年，她毕业于纽约大学的室内设计专业，后来在美国密歇根大学获得硕士学位。作为设计行业的领军人物，她已经从事设计工作三十年了，在工作中，她倡导创造高品质的生活，并将不同的潮流设计带入到室内外的设计中。与此同时，她所创造的品牌不断发展壮大，得到了越来越多人的支持与认可。

杨润丹是一个优雅恬淡的女子：细柔的言语、恬淡的笑容。在受传统思想影响的社会，一个女人想要做成事儿真的很难，她们往往比男人付出更多。杨润丹说：“我并不想做一个女强人，也不喜欢别人这样称呼我。在中国，大部分的女性都很优秀，而我只是找到了自己想要去坚持和努力的信仰，凭着那份坚韧与勤奋一步步走下去而已。”

早年，移居美国的杨润丹随着父亲第一次踏上中国，后来，由于设计便常常往返于中国与美国之间。随着对中国的熟悉，心有志向的杨润丹决定在中国成立工程公司。刚开始创业的时候，她不接受父亲的资助，而是坚持自己努力。她白天做设计，晚上去工地检查、指导、学习，回忆那段辛苦的日子，她觉得一切都值得，因为自己成功了。

杨润丹说：“一个女人在中国在北京没有任何关系，一开始赔了很多钱，无数次的想背包回去不来了，那会我还生着病，可是我想这么多人跟着你，就是相信你，所以，我只能成功，不能后退。”杨润丹，这个耐力与勤勉并

行的女子，她心中的那份认真与耕耘，最终因努力而换得了最好的奖赏。

许多年轻人想努力的时候，总会怀疑：我的努力是否会白费？我要不要这么拼命努力？他们总会担心自己的付出未能得到应有的回报。不过，年轻人，你努力了吗？努力才有可能成功，不努力连失败都不会临幸于你。持续为自己的梦想和人生努力吧，时光往往会把最好的留给最优秀的你。

有目标，世界也为你让路

那些但凡作出巨大成就的人，他们都一定知道自己想成就的是什么？当然，他们绝不像太平洋中没有指南针的船只一样，随风飘荡。成就梦想，定下目标是第一步，然后思考：如何达成自己的目标。这道理似乎听起来好像老生常谈，但是，令人惊讶的是，许多人都没有认清：为自己制订目标以及执行计划，是唯一能超越别人的可行途径。在人生的道路上，我们做任何事情都需要有立场、有目标，这样世界才会为你让路。

在西撒哈拉沙漠中，有一颗璀璨的明珠——比赛尔。每年，数以万计的旅游者会来到这里观光、游玩。可是，在很早以前，这里只是一个封闭而落后的地方，这里的人从来没有走出过大沙漠。当然，他们并不是不愿意离开这块贫瘠的土地，而是他们尝试了许多次都没能走出去。

有一天，肯·莱文来到了比赛尔，他用手语问这里的人：“你们为什么不走出大漠？”结果所有人的回答都一样：从这儿无论向哪个方向走，最后都还是回到了出发的地方。肯·莱文不相信这种说法，他亲自做了一次试验，按照指南针的指示，从比赛尔村一直向北走，结果花了三天半的时间就

走出去了。肯·莱文很纳闷：为什么比赛尔人不能走出大漠呢？为了知道原因，肯·莱文雇了一名叫阿古特尔的人，这位青年也从来没有走出过大漠，肯·莱文收起了指南针等现代设备，让阿古特尔带路，看看到底会发生什么。他们带了半个月的水，牵了两头骆驼就出发了。很快，十天过去了，他们走了大约八百英里路程，第十一天早晨，他们果然又回到了比赛尔。肯·莱文终于明白了，比赛尔人之所以走不出大漠，是因为他们在大漠里没有目标与方向。

在一望无际的沙漠里，一个人如果只是凭着感觉走，他就会走出大小不一的圆圈，最后他又回到了原点。由于比赛尔村在沙漠的中间，在方圆千公里几乎没有任何参照物，如果不认识北斗星，想走出大漠，这是不可能的。肯·莱文离开比赛尔的时候，他告诉阿古特尔，如何通过北斗星找到正确的方向，他说："只要你白天休息，夜晚朝着北面那颗星走，就能走出沙漠。"阿古特尔照着去做了，三天之后果然来到了大漠的边缘，因此，阿古特尔成为了比赛尔的开拓者，他的铜像被竖在小城的中央，并刻了一行字：跟着目标就不会迷路。

每个人的行为特点都是有目的性的，一般来说，没有目的性的行为是很难成功的。有可能你想成为一名政治家，想成为一名流行歌手，想成为一名将军……但是，生活中没有目标的人就是可怜的糊涂虫，他们永远没有办法找到成功的途径。车尔尼雪夫斯基曾说："一个没有受到献身热情所鼓舞的人，永远不会做出什么伟大的事情。"一旦我们失去了目标，就意味着失去了人生的推动力，失败必将来临。

美国有一个非常著名的关于目标对人生影响的跟踪调查，调查对象是一群智力、学历、环境等条件差不多的年轻人。通过调查发现：27% 的人没有目标；60% 的人目标模糊；10% 的人有清晰但比较短期的目标；3% 的人有清晰且长期的目标。

此项调查进行了长达 25 年的跟踪，发现那些调查对象的生活状况以及分布现象都十分有意思：那些占 3% 有清晰且长期目标的人，25 年来几乎不曾更改过自己的人生目标，25 年以来他们一直朝着同一个方向努力。25 年

后，他们几乎成为了社会各界的顶尖成功人士，在他们当中有白手起家的创业者、行业领袖、社会精英；那些占10%有清晰但比较短期目标的人，在25年后，他们大多生活在社会的中上层，在他们身上有着共同的特点：那些短期目标不断被达成，生活状态稳步上升，成为了各行业的不可缺少的专业人士，他们的职业大多是医生、律师、工程师，等等；其中占60%目标模糊的人，25年后他们大多生活在社会的中下层，他们能够安稳地生活与学习，但没有什么特别的成绩；剩下27%没有目标的人，25年以来，他们几乎都生活在社会的最底层，而且，生活过得很不如意，常常失业，需要靠社会救济，喜欢怨天尤人。

也许你现在与别人差距不大，那是因为你们距离起跑线不远，而不是你比别人聪明，或者说上天眷顾你，你是属于那10%、60%还是剩下部分，只有你自己最清楚，不过，希望你能努力成为那10%的目标清晰的人。有目标有远见的人往往可以走得更远，因为世界会为他们让路。

许多人即使付出了艰辛的努力，但还是无法成功？其实，这是因为他的目标总是模糊不清或者根本没有实际可行的目标。在生活中，一旦我们确立了清晰的目标，也就产生了前进的动力，所以，目标不仅仅是奋斗的方向，更是一种对自己的鞭策。

努力启示

有人曾这样说，一个人无论他现在多大的年龄，其真正的人生之旅，是从设定目标那一天开始的，之前的日子，只不过是在绕圈子而已。要想获得成功，我们就必须拥有一个清晰而明确的目标，目标是催人奋进的动力。如果你缺失了目标，即使你每天不停地奔波劳碌，却还是无法获得成功，而成功者之所以能轻松地走到成功，那是因为他们的目标明确，眼光长远。

只要你尝试迈步，路就在脚下延伸

人的一生有太多的等待，在等待中，我们错失了许多的机会，在等待中，我们白白浪费了宝贵的光阴；在等待中，我们由一个英姿勃发的青年，变为碌碌无为的中老年，我们还在等待什么？选择去尝试，总不会让自己在原地踏步。人生就是如此，只要你迈步，路就会在脚下延伸。只有启程，我们才会向理想的目标靠近。无论你的梦想和目标是什么，这些都只是你成功的开始，更主要的是立即开始行动，从而实实在在地看到成功的希望。

伊丽莎白不是哈佛毕业生中最出色的一位，也并不具有非凡的才能，人们对她的敬佩，不是因为她年纪老迈，而是她勇敢尝试，始终坚持的毅力和决心。

这一天，身穿毕业生礼服、头戴黑色学士帽的伊丽莎白·麦克尼尔从哈佛校长手中接过毕业证书，在获得文科学士学位的同时，她还被颁发了一个表彰其学术成就和品德的奖项。

伊丽莎白早在1941年就高中毕业了，之后，她陆续生了4个孩子。26年前，她成为哈佛大学健康服务部门的员工。哈佛的学术氛围令她对学习产生了很大的兴趣，于是几年后，她开始尝试在哈佛“蹭课”。

但是在这之后的很多年里，她并没有正式注册当学生，因为她觉得自己没有能力完成哈佛的课程。一度想放弃拿到哈佛学历的念头。

直到9年前，同事和同学的鼓励让伊丽莎白产生了争取学位的念头，那时她已经73岁了。对于一个普通的73岁的老人来说，安享晚年是最好的选择。而伊丽莎白却不甘心就此放弃自己的理想，她再次鼓起勇气，走入了哈佛的课堂，她给自己制订了“10年目标”，并经常向孩子们许诺，要在83岁之前从哈佛毕业。

如今满脸皱纹的伊丽莎白在哈佛工作了25年，学习了20年，攻读了9

年学位，最终赶在自己的孙女之前获得了本科学历。

人人都能下决心做大事，但只有少数人能够果敢地去尝试，也只有这少数人才是最后的成功者。勇于尝试需要一种开拓进取的精神。鲁迅先生曾经说过，其实地上本没有路，走的人多了，也便成了路。所以他十分赞赏“第一个吃螃蟹的人”，那些在人类前进道路上披荆斩棘的人。

贝尔在试制电话机时，感到有关问题还没有把握，便去向著名物理学家约瑟·亨利请教。贝尔谈了自己的设想，然后诚恳地问：“先生有何见教？”“干吧！”亨利回答说。

贝尔不安地说：“可是，先生，我对电的知识知道得很少呀。”“学吧！”亨利又简短的回答。电话机试制成功后，贝尔激动地说：“如果不是亨利先生的这两个词的鼓励，我是不可能发明电话机的啊！”

当年，迪斯尼为了实现他心中的梦想，不断地呼吁去建造一个乐园，可是当时有非常多的人反对他，有的人担心会对环境产生影响；有的人担心他的资金有问题；有的人甚至怀疑他的头脑有问题；有的人说政府不会批那么大的一片地，可是迪斯尼不断地去想各种各样的方法：资金方面有问题，他跑了 143 次银行。他积极地寻求各方面资源的支持，最后，他梦想中的乐园——迪斯尼乐园，终于在美国开始兴建，到现在，被复制到世界各地。

人生需要选择，需要你果敢地去拼搏，去行动，去做自己该做的事情，哪怕你很畏惧，哪怕你很犹豫，但如果摆在你面前的路是正确的，你就要立即行动起来。

努力启示

人的价值，不光是在取得非常成就时才显现的，具有尝试精神的人，他的人生，也会丰富多彩，熠熠放光。经过尝试，我们会发现自己具有取之不竭的智力潜能，会发现生命中潜藏着许多连自己也无法想象的能力。如果不去尝试，这些能力永远也没有机会大放异彩。尝试，是铸造卓越与杰出人生的一种方式，是事业成功的一条重要途径。

心在哪里，路就在哪里

威尔逊曾说：“我们因梦想而伟大，所有的成功者都是大梦想家：在冬夜的火堆旁，在阴天的雨雾中，梦想着未来。有些人让梦想悄然绝灭，有些人则细心培育、维护，直到它安然渡过困境，迎来光明和希望，而光明和希望总是降临在那些真心相信梦想一定会成真的人身上。”有人问：实现梦想的路在哪里？其实，年轻人，心在哪里，路就在哪里。

当珍妮在上高中的时候，她的梦想就是进入美国的哈佛大学。当时，由于毫无经验，又迫于高考的压力，她一边应付高考，一边申请学校，但是，她提出申请的四所美国大学都给她寄来了拒信。当收到拒信的时候，珍妮非常伤心，那意味着自己无法实现儿时的梦想了，她为此哭了三天三夜。在四个月之后，她考去了上海。

珍妮从来没有忘记过自己最初的梦想，她希望自己再奋斗四年，一定要去哈佛大学。在大学里，珍妮将全部的时间和精力都投入到学习中，不管是在学习还是学校的各种实践活动中，她永远都是最优秀的那个人。大学四年，珍妮不但是一个大型学会组织的主席，而且还成功组织了一次覆盖上海多所高校的比赛，吸引了数家赞助商。在大学，她除了是国家奖学金的获得者之外，还能说一口流利的英语、西班牙语和日语。

或许，像珍妮这样优秀的女孩子，完全可以在大学毕业之后随便找个待遇丰厚的职位，即便是世界500强也可以随便挑选，她又为什么要如此坚持上哈佛大学呢？事实上，珍妮当然想过放弃哈佛大学，她也想早点争取经济独立，为家庭减轻负担，而去美国哈佛大学，将意味着家里需要给予更大的经济支持。

不过，当珍妮静下心来思考这个问题的时候，她忽然意识到自己是被生活中的各种华丽的诱惑模糊了视线，她撇开一切，只选择一样东西，那会是什么呢？于是，她最后写下了“哈佛”，然后在后面写上“坚持不懈”，这个

最初根植于自己内心的梦想，那才是自己真正渴望的东西，才是自己内心的真正选择。

珍妮现在正在哈佛读研究生，她是那么优秀，才华横溢，能力卓尔不群，而且人也长得非常漂亮。当然，她可以与大多数普通的女孩子一样，大学毕业后嫁个不错的男人，过着衣食无忧、相夫教子的日子，但是，她没有选择这样的生活，而是坚持内心的选择，从而实现自己最初的梦想。

由于家庭的原因，她在高中毕业就放弃了继续升学的机会，而是选择在女子商学院的夜校学习。偶然有一次，她在夜校附近的饭馆吃饭的时候，看到件事情：一位客人想在饭店里暂时寄存自己的行李，但是却遭到了饭馆老板的冷淡拒绝。这令她感到不解，她认为饭馆老板可以答应帮忙寄存行李来达到宣传自己饭店的目的，为什么他不那么做呢？

由于这一件小事，她决定要在餐饮界发展。此后，她转入了烹饪学校学习。无论当时自己经济是如何的困难，她都坚持学习下去，甚至宁愿省下自己的生活费去听一堂课。后来，在1982年，她开始尝试着在大学路经营一家面食店。她本着“亲切服务”的原则，这家小小的面食店很快名声大噪，从最初仅有一个灶台和五种菜品的小店发展成为附近最有名的美食店。

虽然她身处逆境，但是当她立下志向之后却从来没有改变，心在哪里，路就在哪里，丝毫没有退缩，一直把自己当作人生的主角。无论遇到什么困难，她都能凭着自己的力量去克服它，并且以主角的姿态演出自己的人生剧本。

人生的最大意义在于奋斗，为自己的梦想而奋斗，这会令一个人感到充实和快乐，有梦想的人从来不会感到空虚，因为他们懂得自己内心最想得到的是什么，并且朝着这个方向不懈地努力。

努力启示

马云曾说：“第一，有梦想。一个人最富有的时候是有梦想，有梦想是最开心的。第二，要坚持自己的梦想。有梦想的人非常多，但能够坚持的人却非常少。阿里巴巴能够成功的原因是因为我们坚持下来了。在互联网激烈的竞争环境里，我们还在，是因为我们坚持，并不是因为我们聪明。有时候傻坚持比不坚持要好得多。”

听从自己内心的声音

许多年轻人竟然不知道自己的梦想是什么。而没有梦想的人，就没有目标，没有奋起直追的持久动力。这时你可以了解自己，倾听自己内心的声音，了解自己的真正感兴趣的是什么，然后以自己的才能与爱好来作为树立梦想的参考。年轻人应对自己的特点有所了解，首先确立目标，有的人以自己身边或媒体宣传的人作为自己的梦想；一些人的梦想与兴趣、爱好、特长相关，比如喜欢唱歌的年轻女孩希望成为歌手，喜欢跳舞的女孩希望成为舞蹈家；当然，年轻人思想不够成熟，有时候追求的梦想不稳定，今天喜欢唱歌，明天喜欢跳舞，所以年轻人应该学会听从自己内心的声音。

1998 年，只有 10 岁的李欣汝面临着人生的第一次重大选择。当时，父亲希望她成为一名伶牙俐齿的主持人或者是教书育人的老师，不过，她自己却喜欢跳舞，希望自己有一天可以像一只白天鹅一样在舞台上翩翩起舞。到底是遵从自己内心的梦想，还是顺从父亲呢？最后，10 岁的李欣汝坐上火车，从兰州去北京，进入解放军艺术学院舞蹈系中专部学习，她将舞蹈作为自己前行的梦想。

2007 年，“红楼梦中人”节目组到北京舞蹈学院挑人，李欣汝报了名，她本来只是想试试看，结果没想到一路过关斩将，自己竟然晋升黛玉组全国五强。这时她面临了人生第三次选择，自己是继续选修还是全封闭培训呢？她思考了很久，然后说服自己放弃眼前暂时的功利，她退出了选秀，将全部的精力都放在了学业上面。

李欣汝退出选秀之后，她顺利地拿到了大学毕业证书。很快，她面临新的选择。《丑女无敌》发来了橄榄枝。不过，令她犯难的是，这次她需要在剧中扮演一个完全没有形象的女孩子。自己是否愿意扮丑呢？经过层层筛选之后，李欣汝最终获得了那个对自己而言非常重要的角色——电视剧《丑女无敌》中雷人的林无敌。她刻意增肥、扮丑，甚至她感觉林无敌就是正在奋斗的自己，所以她完全融入了角色，结果这部戏相当成功。

在人生关键时刻，李欣汝选择了听从内心的声音。当《丑女无敌》第一季播出之后，创下收视 2.4 亿人次的惊人纪录。而李欣汝所扮演的林无敌这个形象也受到了观众的欣赏与认可，同时，她本人也获得了成功，她成为湖南卫视年度最佳新艺人，成为 2008 年最深入人心的电视形象之一。而且，她的名字还出现在 2009 年度福布斯名人榜的排名之中，她终于成功了。

菲尔·约翰逊的父亲拥有一家洗衣店，由于父亲想子承父业，所以父亲在店里给约翰逊安排了一份工作，父亲希望约翰逊可以接手自己的生意。但是，菲尔·约翰逊一点也不喜欢洗衣店的工作，他每天都在店里偷懒，整天晃荡，只要做完自己的工作，他就撒手不管。有时候，他干脆会玩失踪，根本不来店里上班。约翰逊的父亲觉得儿子真是没出息，在那么多员工面前，儿子真是将自己的脸丢光了。

有一天，菲尔·约翰逊主动对父亲说："我想去一家机械工厂做个技工。"出去当工人？难道儿子想走自己曾经走过的老路吗？父亲非常震惊，他坚决不同意。不过，习惯我行我素的约翰逊不顾父亲的反对，他依旧穿着沾满油渍的工作服去工作。在机械厂，约翰逊比在洗衣店更努力地工作。尽管机械厂每天的工作时间很长，不过菲尔·约翰逊吹着欢快的口哨就可以度过快乐的一天。渐渐地，约翰逊发现自己喜欢上了工程学，他开始认真研究各种发动机，在他的生活中与各种机械相伴。

1944 年，菲尔·约翰逊去世。不过，这时，约翰逊已经是波音飞机公司总裁，正是他研究制造出来的"飞行堡垒"使得美国赢得了战争。

约翰逊喜欢机械，他并没有因为父亲的期望而改变自己最初的想法。假如他看不起自己的生意，那就有可能会让自己的生意溃败。假如约翰逊当时留在了父亲的洗衣店，那么，他和父亲的洗衣店会怎么样呢？我想在父亲去世之后，这门生意应该早就毁掉了，那家曾经的洗衣店早就关门了。

年轻人，如果身边的朋友、家人建议你去银行当职员，但事实上你只是喜欢待在蛋糕店里做蛋糕，那么你的选择是什么呢？曾经有年轻人抱怨："我很想成为一名歌星，但是我父亲却希望我能成为一名医生，我该怎么办呢？"我想这句话，非常适合他：别人的期望，不能成为你被迫选择的理由。

一旦你确定了自己的内心，那就需要切断自己的后路，因为现在你只剩下自己和梦想了，自己已经不能回头。现在你已经无路可走，你已经站在梦想的面前，你现在需要做的就是如何完成自己的梦想。假如你总是还在猜测这是我内心的声音吗？你将永远一事无成，因为这个质疑会阻碍你去完成梦想，最后你将失去尝试的勇气而不愿意再跨出下一步。假如你开始质疑自己的梦想是否可以实现，那你将失去追求梦想所需要的动力。

找准前进的方向比努力更重要

人生最重要的不是你所处的位置，而是你所朝的方向。蒲公英历经艰辛归于灵魂的净土，找到了自己的方向。年轻人总感觉自己好像少了什么，是方向吗？是的，就是方向，有模糊的目标，却少了清晰的方向。年轻人必须有一个正确的方向，不管你多么意气风发，不管你是多么足智多谋，不管你花费了多少心血，假如没有一个明确清晰的方向，就会感到茫然，甚至在前进的路途中渐渐丧失斗志，忘却最初的梦想。

1952 年 7 月 4 日清晨，加利福尼亚海岸还笼罩在浓雾之中，在海岸以西

21英里的卡塔林纳岛上，34岁的费罗伦斯·柯德威克涉水进入了太平洋里，她开始向加州海岸游去，如果这次能够成功，她就会成为第一个游过这个海峡的妇女。在这之前，费罗伦斯·柯德威克是从英法两边海峡游过英吉利海峡的第一个妇女。然而，在这天清晨似乎没有想象中的顺利，海水冻得费罗伦斯·柯德威克身体发麻，由于浓雾越来越大，她几乎看不到护送自己的船，一个小时过去了，又一个小时过去了，无数的观众在电视上注视着她。对费罗伦斯·柯德威克来说，诸如此类的渡海游泳中最大的问题不是疲劳而是刺骨的水温，15个小时过去了，费罗伦斯·柯德威克被冰冷的海水冻得浑身发麻，她知道自己不能再游了，就叫人拉她上船。而柯德威克的母亲和教练就在另一条船上，他们告诉她："海岸很近了，不要放弃。"但是，费罗伦斯·柯德威克朝加州海岸望去，前面是一片浓雾，什么都看不见。几十分钟以后，人们将柯德威克拉上了船，而拉她上船的地点，离加州海岸只有半英里。

当有人告诉柯德威克这个事实后，从寒冷中恢复知觉的她看起来很沮丧，她对记者说："真正令我半途而废的不是疲劳，也不是寒冷，而是因为在浓雾中看不到方向。"在费罗伦斯·柯德威克的一生中，只有这一次没有能坚持到最后。两个月后，柯德威克再一次尝试，这次，她成功地游过了这个海峡，她不但是第一位游过卡塔琳纳海峡的女性，而且比男子的纪录还快了大约两个小时。

对于柯德威克这样的游泳能手来说，还需要方向才能鼓足干劲完成她有能力完成的任务，对许多女孩而言，更需要为自己的人生确立方向。对机器而言，一个螺母假如找不到自己合适的位置，充其量不过是一个被称作螺母的废铁。

伊辛巴耶娃，世界上第一个，也是唯一一个越过5米的俄罗斯女子撑杆跳运动员。众所周知，在撑杆跳这项运动中，伊辛巴耶娃确实是非常成功的。但是，谁能想到，她最初的梦想根本不是撑杆跳，她那时候最喜欢的是体操。

伊辛巴耶娃从小就对体操情有独钟，她梦想着自己有一天能成为世界体操冠军。为了实现自己的目标，她没日没夜地练习着体操，不管是寒冷的冬

天，还是炎热的酷暑，伊辛巴耶娃对练习体操都不敢有一丝的懈怠。遗憾的是，随着年龄的增长，伊辛巴耶娃个子越长越高。这对于一个体操运动员而言，高挑的身材反而是一种缺陷。比如，其他运动员能够翻四个跟头，太高的伊辛巴耶娃却因为个子太高只能翻两个半。显而易见，伊辛巴耶娃 1.74 米的身高在体操队中没有任何竞争优势。

这该怎么办？如果继续在体操这条路坚持下去，最终只会碌碌无为，甚至有可能越来越处于劣势。于是，伊辛巴耶娃经过客观的分析、权衡，她果断地告别了体操队，不过她依旧没有放弃自己曾经的梦想——成为世界冠军。她想到自己个子高，于是，她又将梦想寄托在能够充分发挥自己身高优势的撑杆跳运动上。

经过不懈的努力，终于，伊辛巴耶娃在撑杆跳运动中赢得了举世瞩目的成就。她在 24 岁时就成为了历史上最出色的女子撑杆跳运动员，曾十多次打破世界纪录，拥有 5 项重要赛事的冠军头衔：奥运会，世界室内、室外锦标赛，欧洲室内、室外锦标赛。

富兰克林曾说：“宝贝放错了地方就成了废物。”年轻人要找准自己的方向，学会经营自己擅长的项目，能够让自己的人生增值，而经营自己的短板，只会让自己的人生贬值。伊辛巴耶娃无疑是聪明的，她放弃了自己喜欢但不能发挥自己优势的体操运动，转而选择更具优势的撑竿跳运动，从而成就了自己的世界冠军梦想。所以，年轻人别把时间浪费在难以弥补的缺点上面，不要再让所谓的“短板”阻碍自己的成功之路。

努力启示

荷马史诗《奥德赛》中有一句至理名言：“没有比漫无目的地徘徊更令人无法忍受的了。”没有方向的迷茫会造成内心的恐慌，在徘徊中挣扎，最终不过是一个平庸的人生。因为无头苍蝇找不到方向，才会处处碰壁；一个人找不到出路，才会迷茫、恐惧。所以，年轻人，首先找到前进的方向比努力自身更重要。

第 3 章
懂得如何等待的人，一切都会及时到来

成功需要等待，就像买彩票一下子就能获得自己所期望的一切总是不可能的，毕竟机会总是来得毫无预兆。但是，只要我们蓄足能量，做好充分的准备，学会等待，那一切都会及时地到来。

要等待还是要放弃，做出明智的判断

有人说，学会等待的人往往会有好运气。欲速则不达，这是一句至理名言。有时候，不要说上帝没有关注你，是因为你不够资格进入上帝的法眼，或者说，上帝早已以他的标准，把目光从你的身上轻轻掠过。因为你的“稚嫩”，因为你没有承受过多的磨难的历练，因此，上帝延迟了对你的恩赐。该来的总会到来，拥有机会时我们全力以赴，没有机会时我们耐心准备。如果你没有得到所谓的幸运，不要埋怨生活的不幸，请记住，一切的等待都是值得的，只是机会尚未到来而已。

有两个从小一起长大的亲兄弟，他们决定一起去挖金矿，开始时，他们都抱有坚定的信念——不挖出金子决不放弃。从黎明到黄昏，又从黄昏到黎明，多少个日日夜夜后，他们依然没有见到金子的光亮。手磨出了血，脚磨出了泡，抱怨和苦闷时常充斥在他们的对话中。所不同的是，哥哥在抱怨几句，舒缓了情绪后，能够让自己更冷静地思考，随后继续挖着梦想中的金子。而弟弟的士气则越来越低落，脚下的坑显得很难再往深挖掘一尺。

这天，一个商队经过，说是山那头有人挖出了石油。这时弟弟再也按捺不住了，说这里哪有什么金子啊，不干了，到山那头采石油去！而哥哥却什么也没说，继续埋头干他的活儿。

几天之后，可怜的弟弟灰头土脸地回来了，他并没发现石油的影子，他的放弃使他又一次两手空空。当他到达驻地时，已经是深夜两点，在帐篷微弱的灯光下，似乎有一种异样的、刺眼的光芒在闪烁。他走进里面，哥哥正捧着金子甜甜地酣睡。

哥哥在弟弟不愿意等待时选择了等待，所以他成功了。很多人都明白，生活就是一次淘金大赛，有时需要一点运气，但更多的还是要靠自己的选择。选择坚持、努力思考、勤奋进取，这些被诠释了无数遍的成功因素在最为朴实的生活追求中，仍没有几个人能够完全具备。为什么我们如此渴望而却偏偏不曾拥有？时机未到而已。

当我们前方是一条死胡同，是否继续等待呢？从小，我们就知道这样一个道理：只有不断地前进才能获得成功。其实，生活本来就是起伏不定的，如果你一直向前走，不愿意留给自己一个回旋的空间，那很有可能会钻进一条死胡同，前方已经没有路，这样的情况自然是难以成功的。当前方已经没有路，那不妨选择适时放弃吧。

康多莉扎·赖斯，出生于1954年11月14日。小时候素有“神童”之誉的她，从小就跟着当小学音乐教师的母亲弹钢琴，4岁时就开了第一个独奏音乐会。不但学习成绩极其出色，跳了两次级，而且还把网球和花样滑冰玩得特别出色。16岁时，进入丹佛大学音乐学院学习钢琴，她梦想成为职业钢琴家。她在音乐方面独具的天赋和他人难以企及的家学，似乎没有人能够轻易地否认，大家都相信过不了几年她就会成为乐坛翘楚。

可是，出人意料地是她打起了“退堂鼓”，开始了崭新梦想的破冰之旅。原来在著名的阿斯本音乐节上，她受到了打击。“我碰到了一些11岁的孩子们，他们只看一眼就能演奏那些我要练一年才能弹好的曲子，”她说，“我想我不可能有在卡内基大厅演奏的那一天了。”于是，她开始重新设计自己的未来并发现了新的目标———国际政治。“这一课程拨动了我的心弦，”她说，“这就像恋爱一样……我无法解释，但它的确吸引着我。”她从此转而学习政治学和俄语，并找到了她一生追求的事业。

赖斯并没有追随儿时的梦想成为一名钢琴家，而是在大家都看好的情况下选择了“放弃”，并开始了崭新梦想的破冰之旅。她发现了自己再坚持下去，难以取得超越别人的成就，所以，她果断地选择了放弃，不再固执。在一阵休憩之后，她重新设计了自己的未来，果然，她似乎更适合政坛。如果不是当初她决然地舍弃，那么就不会有现在这样出色的政治家了。

是等待还是放弃，需要年轻人做出理智的判断。在前进的路上，原则是坚持向前走，哪怕成功没有及时地降临，也需要坚持等待，或许再等一下，成功就会来了。但是，如果前方已经没有路，则需要及时放弃，因为继续等待已经没有任何价值了。

在绝望时刻选择再等一下

易卜生说："不因幸运而故步自封，不因厄运而一蹶不振。真正的强者，善于从顺境中找到阴影，从逆境中找到光亮，时时校准自己前进的方向。"挫折与失败最能考验人的意志，也最容易让一些人胆怯，恐慌、生气和抑郁。其实，每个成功者都曾经经历过失败，只是他们是用自信心和坚强的意志，战胜挫折迎来成功。可以说，成功者大都是经历失败最多、受挫最重的人，他们在不能坚持的时候，选择了再等一下，再等一下，最终迎来了风雨之后的彩虹。

从前，有一位老婆婆在屋子后面种了一大片玉米，长势喜人。很快秋天到了，到了玉米丰收的季节，地里一片金黄，颗颗饱满的玉米棒彼此拥挤着，都希望自己能被主人相中。其中，一个颗粒饱满的玉米说道："收获那天，老婆婆肯定先摘我，因为我是今年长得最好的玉米！"

但是，到了收获那一天，这个颗粒饱满的玉米等了很久，老婆婆并没有把它摘走。不过，这个玉米并没有失望，它自我安慰："明天，明天她一定会把我摘走！"第二天，老婆婆又收走了其他一些玉米，但依然没有摘走这个玉米。

乐观的玉米难掩失望的表情，不过它勉强安慰自己："明天，老婆婆一定会把我摘走！"但是，从此以后，老婆婆再也没有来过。直到有一天，玉米真的绝望了，原来那饱满的颗粒变得干瘪坚硬。

没有想到的是，就在这时，老婆婆来了，她一边摘下这个玉米，一边说："这可是今年最好的玉米，用它作种子，明年肯定能种出更棒的玉米！"干瘪的玉米笑了，它终于等到了希望，明年自己将儿女成群。

或许，你一直都很自信，不过接连的失败和挫折会让你泄气、信心动摇，甚至自暴自弃。不过，即便是在这样的境地，更需要自己给自己加油，或许再坚持一下，成功就会来了。

年轻人，你是否有耐心在这种绝望时再等一下，哪怕再等一下！偶尔的困难与挫折是生活中不可避免的常事，任何的抱怨与难过都毫无用处。所以，年轻人需要做的，就是乐观地坚持自己的生活。当别人都放弃的时候，依然坚持不懈，直到成功的那一天。

面对同样的一件事情，不能坚守，不会选择，不懂思考便不会有所成就。很多人在本该放手一搏的时候，却犹豫彷徨。不愿意再试一下，不想再付出看似多余的努力，而去贸然地选择一条看似明智的路，最终的结果只是在一再地变换自己的目的地，就连上帝也被你弄得晕头转向，不知道该把金子放在哪里。

爷孙俩一起上山砍树，"山顶的树不仅粗壮，而且夯实，用它们来打家具，非常牢固。"

爷爷一边锯树，一边解释道。"同样一种树，为什么山顶的粗壮，山脚下的细小呢？"

孙子打破砂锅问到底，爷爷停下手中的活，揩了揩额角上的汗珠，不温不火地指了指山北方向，问："你看，山北边有什么？"孙子顺着爷爷手指的方向看了看，眼前一片空旷，极目远眺，好像是天的尽头。于是摇头回答说："什么都没有啊！"爷爷很肯定地接过话茬："有，而且很大，那是从遥远的北方刮来的风和西伯利亚刮来的寒潮。"爷爷一手叉腰，一手远指，犹如一位哲学家。

“这和风与寒潮有什么关系呢？”孙子大惑不解。“当然有关系，长年经历风吹雨打的树木，生命力极强，根系特别发达，那么它从泥土中吸取的养分就充足，因此，长得也特别粗壮。”说着，爷爷转过身指了指山南的山脚，继续说道：“你再看看那些树，背后有大山抵御风和寒潮，很少受自然界侵袭，从树枝到根系都得不到锻炼，长得也就瘦小脆弱。若用它们来打家具，不仅易折易裂，而且易受病虫腐蚀。”

听完爷爷的讲解，孙子恍然大悟。于是，山顶英雄般地立下豪言壮语：“我长大了一定做棵山顶上的大树。”爷爷听后，摸摸他的头，爽朗地笑了。

德迈斯特说：“成功的秘密在于知道怎样等待。”大家知道织锦是怎么做成的吗？是时间和耐心把桑叶变成云霞般美丽。没有播种就没有收获，年轻人必须耐心地、满怀希望地长时间等待，才可以尝到最甜的果子。

所以，年轻人，在你坚持不住时再坚持一下，在绝望时再坚持一下，希望和成功将会一起到来。

努力启示

生活本身是由无数个目标组成的，亦是由无数个对目标的等待组成。不管是成功还是幸福，都不会一下子来临，这期间的等待是必然的。一旦我们煎熬不住缺乏耐心的时候，成功也会随之而去。年轻人，要想成功，就必须等待，而且要学会等待，善于等待，再坚持一下，再等一下，说不定就有奇迹出现。成功前的等待是煎熬的，忐忑不安，渴望成功，又担心失败，这期间的情绪是复杂的。但是，不管多么煎熬，请对自己说：再等一下！

忍耐风雨，才会等来彩虹

有一句名言：“请享受无法回避的痛苦，比别人更早更勤奋地努力，才能尝到成功的滋味。”只有忍耐风雨，才会等来彩虹。自古以来的许多卓有成就的人，大多是抱着不屈不饶的精神，忍耐枯燥与痛苦之后，从逆境中奋斗挣扎过来的。在人生的道路上，我们常常会遭受不同的挫折与困难，面对挫折，人们有着不同的理解，有人说挫折是人生道路上的绊脚石，有人却说挫折是垫脚石，所谓“百糖尝尽方谈甜，百盐尝尽才懂咸”。与河流一样，人生也需要经历了洗练才会更美丽，经过了枯燥与痛苦之后，才能收获成功的果实。

忍耐枯燥与痛苦是成功的必经之路。人生不可能是一帆风顺的，总是会有这样或那样的挫折与困难，在这个过程中，就需要我们去忍耐这个战胜挫折过程中的枯燥与痛苦，甚至是失败。这一切都需要忍耐，如果没有坚强的意志力，就难以忍受，最后就不能获得成功。如果你想赢得成功，就不得不忍耐这路程中的枯燥与痛苦，失败与辛酸，在忍耐之后继续奋斗，这样你才有力气走到最后，才能走向通往成功的路途。

许多年前，一位颇有分量的女性到美国罗纳州的一个学院给学生发表讲话。虽然，这个学院规模并不是很大，但这位女性的到来，使得本来不大的礼堂挤满了学生，学生们都为有机会聆听这位大人物的演讲而兴奋不已。

经过州长的简单介绍，演讲者走到麦克风前，眼光对着下面的学生们，向左右扫视了一遍，然后开口说：“我的生母是聋子，我不知道自己的父亲是谁，也不知道他是否还活在人间，我这辈子所拿到的第一份工作是到棉花田里做事。”

台下的学生们都呆住了，那位看上去很慈善的女人继续说：“如果情况不

尽如人意，我们总可以想办法加以改变。一个人若想改变眼前不幸或无法尽如人意的情况，只需要回答这样一个简单的问题。”接着，她以坚定的语气接着说：“那就是我希望情况变成什么样，然后全身以投入，朝理想目标前进即可。”说完，她的脸上绽放出美丽的笑容：“我的名字叫阿济·泰勒摩尔顿，今天我以一位美国女财政部长的身份站在这里。”顿时，整个礼堂爆发出热烈的掌声。

阿济·泰勒摩尔顿是一位女性，一位生母是聋子、不知道亲生父亲是谁的女性，一位没有任何依靠饱受生活磨难的女性，而恰恰是这位表面柔弱的女性，竟成为了美国女财政部长。说到自己的成功，她却只是轻描淡写地说：“我希望情况变成什么样，然后就全身心投入，朝理想目标前进即可。”她忍耐了风雨，所以最后等来了彩虹。

格哈德·施罗德出生在一个工人家庭，小时候，父亲在战争中牺牲，施罗德兄妹五人与母亲相依为命。有一段时间里，他们住在一个临时搭建的收容所里，尽管母亲每天工作长达14个小时，但仍然不能满足家里的开支。年仅6岁的施罗德总是安慰母亲：“别着急，妈妈，总有一天我会开着奔驰车来接你的。”

逐渐长大的施罗德进了一家瓷器店当学徒，后来又在一家零售店当学徒，在1963年施罗德加入了民主党。在之后的10年里，他读完了夜校和中学，后来到格廷根通过上夜大来攻读法律。大学毕业后，他获得了律师资格，成为了一名律师，不久之后，他当选为社民党格廷根地区青年社会主义者联合会主席。在以后的日子里，施罗德一直活跃于德国政坛，46岁那年，施罗德再次竞选成功，成为萨克森州州长，就是在这一年，施罗德实现了儿时的愿望，开着银灰色奔驰轿车将母亲接走了。也许，是儿时的苦难记忆，施罗德在人生的道路上丝毫不敢懈怠，8年之后，施罗德一举击败连续执政16年之久的科尔，当选为德国总理。

童年时期的施罗德曾在杂货铺里当学徒，那时他常说的一句话是：“我一定要从这里走出去！”他成功了，而且，比自己想象中走得更远。即使，在成功的路上伴随着困难，但是，施罗德从来没有把困难当成一回事，儿时的记忆让他明白：自己必须忍耐贫穷生活带来的枯燥与痛苦，不断地向前行，这样才能等来彩虹。

如果经不起挫折，忍受不了挫折带来的痛苦与失败，我们就将沉埋在毫无希望的生活里，永远没有前进的方向。凡是能够成大事者，他们必须耐得住痛苦，忍受得了失败的打击，因为成功需要风风雨雨的洗礼，而一个有追求、有抱负的人，他总是视挫折为动力。天将降大任于斯人也，必先苦其心志，劳其筋骨，饿其体肤，空乏其身，行拂乱其所为，所以动心忍性，曾益其所不能。在忍耐了那么多的枯燥与痛苦之后，我们将看见最美丽的彩虹。

忍受寂寞，等待时机

常言道："小不忍则乱大谋。"在成功之前，我们往往需要忍耐长时间的寂寞。生活中的每一个人，不管是谁，在人生中难免会深陷逆境，却一时又无力扭转面临的逆境，那最好的选择就是暂时忍耐，因为事情总是在不断变化中，一旦有利的时机到了，那成功就是指日可待了。所谓"忍一时风平浪静，退一步海阔天空"，学会在忍耐中等待命运转折的时机。大凡成大事者，必定能忍得一时之辱，容得一时之痛。忍耐是一种品质，一种精神，更是一种成熟，一种理智，因为忍耐，在磨难挫折面前坦然豁达而不灰心丧气，它似乎可以给人生一种奋进的力量，在布满荆棘的道路上，在变幻莫测的航行中，忍耐给予的生命光芒在信念中闪烁。

当然，等待并不是坐在那里默默地忍受一切，而是从心理上接纳所面临的事情。当生活中的挫折与困难迎面而来的时候，暂且不去下判断，不论遇

到多么大的事情，最好暂时忍耐一下，也许到了下一刻钟事情就会有所转机，或许有了解决问题的办法。

王明是一位留美的计算机博士，毕业之后，他打算在美国找工作。拿着自己的多个证书，以及一些在学校所获得的奖章，四处奔波找工作。可是，两三个月过去了，他还是没有找到合适的工作，因为几乎他所选择的公司都没有录用他，而那些愿意录用他的公司却又是自己瞧不上的。他没有想到，自己堂堂一个博士生，居然沦落到高不成低不就的尴尬处境。思前想后，他决定收起自己所有的证书与奖章，以一种最低的身份前去求职。

没过多久，他就被一家公司录用为程序输入员，这份工作相当简单，对一个博士生来说简直就是大材小用。但王明并没有抱怨什么，即使是最简单的工作，他依然干得一丝不苟。这样干了一个多月，上司发现他能迅速看出程序中的错误，这可是非一般的程序输入员相比的，这时候，王明向上司亮出了学士证，上司知道了他的能力，马上给他换了一个与大学毕业生相对的专业。又过了一个月，上司发现他经常能够提出一些独到的有价值的见解，远远比一般大学生要高明。这个时候，王明又亮出了硕士证，上司又立即提升了他的职位。再过一个月，上司觉得他还是跟别人不一样，就开始有意识地质询他，这时候，王明才拿出了自己的博士证，上司对他的能力有了全面的认识，毫不犹豫地重用了他。

当王明陷入了找工作的困境，他放弃了自己的所有证书，以一个最普通的人去应聘，并获得了一份工作。我们可以想象，一个有着博士学历的人，委身于一个普通的职员，那该是多么的隐忍。但王明忍耐了下来，他在等待机会，终于，老板开始发现他深藏不露的能力，渐渐地重用他，最终他获得了自己应有的位置和价值。

韩信是淮阴人，还未成名的时候，他只是一个平民百姓，贫穷，没有好品行，不能够被推选去做官，不可以做买卖维持生活，经常寄居在别人家里吃闲饭，因此受到人们的嫌弃。他曾多次前往南昌亭亭长处吃闲饭，并在那里连续吃了好几个月，亭长的妻子很嫌弃他，就提前做好了早饭，端到内室的床上去吃。开饭的时候，韩信去了，却得不到饭菜，韩信也明白他们的用意，一气之下，就告辞而去，不再回来。

有一次，韩信在城下钓鱼，有几个老大娘在漂洗丝绵，其中一位大娘看见韩信饿了，就拿出饭给韩信吃。几十天都这样，给韩信送来饭菜，直到这位大娘将所有的丝绵都漂洗完了。韩信感到很高兴，对那位大娘说："我一定重重地报答您老人家。"大娘生气地说："大丈夫不能养活自己，我是可怜你这位公子才给你饭吃，难道是希望你报答吗？"

还有一次，淮阴屠户中有个年轻人侮辱韩信说："你虽然长得高大，喜欢带刀佩剑，其实是个胆小鬼罢了。"又当众侮辱他说："你要不怕死，就拿剑刺我；如果怕死，就从我胯下爬过去。"于是，韩信打量了他一番，低下身去，趴在地上，从他的胯下爬了过去。满街的人看见了，都嘲笑韩信，认为他胆小。

后来，韩信先是跟随项羽，后追随刘邦，成为刘邦麾下的杰出大将，即使再回忆之前的胯下之辱，那不过是忍辱负重，这样才有了后来功成名就的韩信。

或许，别人都耻笑韩信懦弱，但韩信本人却不以为耻。实际上，当时，韩信绝不是不敢刺他，而是因为韩信胸怀大志，不愿与小人多生是非，如果一剑将那个屠夫刺死了，自己难以逃脱。因此，他甘受胯下之辱，他知道"小不忍则乱大谋"的道理，暂时忍受时光的煎熬，等待一个可以施展自己一身才华的机会来临。

努力启示

等待是一种人生境界，古人曾作的"百忍歌"中有这样的句子"忍得淡泊养精神，忍得勤劳可余积，忍得语言免事非，忍得争斗消仇冤"。等待不是软弱，反而是一种大度。等待也并不是妥协，而是一种胜利。在生活中，学会审视一下自己，年轻人根本没有理由对周围的一切都那么苛刻，要学会等待和忍耐，这样会让生活变得更加轻松。

那些艰难时刻成就了自己

查尔斯·詹姆士·福克斯对那些面对艰难从不灰心丧气的人，总是寄予厚望，他说:“年轻人首次登台亮相就博得满堂喝彩当然不错，不过我更欣赏在失败后还能一再尝试的年轻人，这才是生活的强者，他们往往比首战告捷的人发展得更好。”在追寻梦想的路程中，挫折与失败最能考验人的意志，也最容易让一些人胆怯，恐慌、生气和抑郁。但是，只要我们坚持心中的梦，忍受艰难时刻，那最终会等来梦想照进现实的一天。

1967年夏天，美国跳水运动员乔妮·埃里克森在一次跳水事故中身负重伤，导致全身瘫痪。乔妮怎么也摆脱不了那场噩梦，不论家人和亲友如何安慰她，她总是认为命运对她实在不公。

她曾经绝望过，但最终她开始冷静思索人生的意义和生命的价值。她借来许多介绍前人如何成才的书籍，一本一本认真地读了起来。

她因受伤读书很艰难，只能靠嘴衔根小竹片去翻书，劳累、伤痛常常迫使她停下来。休息片刻后，她又坚持读下去。通过大量的阅读，她领悟到残疾也可以成才。于是，她想到了自己中学时代曾喜欢画画，为什么不能在画画上有所成就呢？乔妮捡起了中学时代曾经用过的画笔，用嘴衔着，开始了练习。

这是一个十分艰辛的过程。用嘴画画，很多人连听都未曾听说过。许多年过去了，她的辛勤劳动没有白费，她的一幅风景画在一次画展上展出后，得到了美术界的好评。

后来，乔妮又想到要学文学。经过艰辛的努力，乔妮再次成功了。1976年，她的自传《乔妮》出版了，轰动了文坛，她收到了数以万计的热情洋溢的信。两年又过去了，她的《再前进一步》一书出版，后来还被搬上了银幕，影片的主角就由乔妮自己扮演，她成了千千万万青年自强不息、奋进不止的榜样。

生命中，往往是那些艰难的时刻成就了我们。生命中没有逆境，也就无法使才能与智慧获得增长。如果你想采摘玫瑰，就不要怕刺扎破手指。人的一生中不可能只有成功的喜悦，一个人如果能在失望中与绝望中看到希望，抓住新生，他就已经获得了一半的成功。

人生中没有直路，当乔妮踏上人生征途之后，就做好迎接挫折挑战的准备，面对挫折坚强不屈，绝不退缩，把挫折当成奋斗的阶梯，当成磨炼生命的礼物，用自信、乐观和毅力面对挫折，用坚强、镇定和勇敢战胜挫折，这样她才能一步步地实现自己的梦想。

小时候，妈妈总是这样说："你能做到，玫琳凯，你一定能做到。"玫琳凯女士不仅将这句话作为自己的座右铭，而且将这句话作为公司的理念来激励更多未来的女性。玫琳凯坦言，自己想创建公司是在遇到了一些挫折之后才真正的开始。

玫琳凯女士曾在直销行业工作了 25 年，当时，她已经做到了全国培训督导。但是，眼看着自己的一位男下属得到了提拔，而且薪水将是自己的两倍。玫琳凯女士毅然决定辞职，实现自己的一个理想，她说："我建立公司时的设想是想让所有女性都能够获得她们所期望的成功，这扇门为那些愿意付出并有勇气实现梦想的女性带来了无限的机会。"

然而，在创业之初，她经历了多次失败，也走了不少弯路，但是，她从来不灰心、不泄气，反而这样诙谐地解释："挫折是化了妆的祝福。"最后，她创建了玫琳凯公司，玫琳凯女士这样说道："从空气动力学的角度看，大黄蜂是无论如何也不会飞的，因为它身体沉重，而翅膀又太脆弱，但是人们忘记告诉大黄蜂这些。女性就是如此——只要给她们以机会、鼓励和荣誉，她们就能展翅高飞。"

从玫琳凯的身上，我们可以看到艰难成就了她。年轻人若想成为像玫琳凯女士这样优秀的人，那就需要经得起挫折的历练，经得起艰难的磨砺，因为成功需要风风雨雨的洗礼。一个有追求、有抱负的年轻人，他总是将艰

难时刻当作动力。敢于乘风破浪，让困难成为自己的垫脚石。艰难时刻对于自立的年轻人来说是一块成功的跳板，对坚强的年轻人来说则是一笔宝贵的财富。

宣永光曾说："困难是欺软怕硬的。你越畏惧它，它越威吓你。你越不将它放在眼里，它越对你表示恭顺。"生活中的艰难是必然的，所以，当我们遇到它时没有必要怨天尤人。面对艰难，不要畏惧，迎难而上，直面困难，将生活中的每一个艰难都当作是上天对我们的考验。只要我们心中怀着必胜的信念，对自己说："我能行！"那么，那些艰难的时刻最后往往会成就我们。

为了明天的成功，我们必须学会等待

在这个世界，没有任何一个人能随随便便成功，因为罗马城也不是一天就建成的。一步登天的奇迹，以及一蹴而就的成功，那也是经历了上百次的尝试，才铸就了这样短暂的光辉。俗话说："台上一分钟，台下十年功。"有可能在台上表演的时间往往只有短短的一分钟，但为了台上这一分钟的表演时间，许多人却要为此付出十年的艰辛努力，甚至需要付出更长时间的努力。成功不是一蹴而就的，是靠每一天的艰苦付出所建成的，做每一件事就好像建罗马城一样，你要想把它建成、建好，你就必须付出超人的代价和心血。我们应该记住，通往成功的道路从来都不会是一条风和日丽的坦途，人生必须渡过逆流才能走向更高的层次，最重要的是在这个过程中学会等待，蓄积待发，最终一举成功。

很久以前，有一个养蚌人，他很想培育出一颗世界上最大的最美的珍珠。于是，他去大海的沙滩上挑选沙粒，而且一颗颗地询问它们："愿不愿意变成珍珠？"那些被问到的沙粒，一颗颗都摇头说："不愿意"。就这样，养蚌人从早上问到晚上，得到的都是同样一句话："不愿意。"听到这样的答案，他快要绝望了。

就在这时，有一颗沙粒答应了，因为它的梦想就是成为一颗珍珠。旁边的沙粒都嘲笑它："你真傻，去蚌壳里去住，远离亲人和朋友，见不到阳光雨露，明月清风，甚至还缺少空气，只能与黑暗、潮湿、寒冷、孤寂为伍，多么不值得！"但是，那颗沙粒还是无怨无悔地跟着养蚌人走了。

斗转星移，多年过去了，那颗沙粒已经成为了一颗晶莹剔透、价值连城的珍珠，而那些曾经嘲笑它的那些伙伴们，有的依然是沙滩上平凡的沙粒，有的已经化为了尘埃。

一个人成功的过程就无疑于一颗沙粒变成珍珠的过程，在这个过程中，你需要经历痛苦与枯燥，而且你必须等待着，忍耐着，当你走完黑暗与苦难的隧道之后，你才会发现，原来平凡如同沙粒的你，在不知不觉间已经成为了价值连城的珍珠。

有个年轻人刚从学校毕业，去一家杂志社应聘工作，等他赶到杂志社的时候，那里已经挤满了前来找工作的人。过了一会儿，走过来一个人，他自称是杂志社人事处的工作人员，给所有应聘的人每个人发了一份简历表，大家纷纷掏出笔，趴在走廊的椅子上填表。接着，那个人事处的工作人员领着大家走进了一间办公室，说道："主任现在正在开会，请大家在这里耐心地等待他来面试。"大家等待着，一个小时过去了，那个主任没有出现，又一个小时过去了，有的人已经开始烦躁不安，几个人在屋子里走来走去，嘴里小声嘟囔着什么，年轻人的心情也开始变得烦躁起来。

眼看快到中午了，有人开始忍不住了，他们收拾东西出门了，而且将门摔得特别响。年轻人也已经不耐烦了，也想跟其他人一样走掉，但他转念一想，自己等了那么久，什么也没等到，那就再等等吧。到了12点了，人几乎都走光了，只剩下这个年轻人和一个坐在他对面的人，那个人看上去很精

干，但与年轻人不同的是，他坐得很舒适。

年轻人忍不住问："你是来应聘什么职位的？"那个人扭过来看了一眼年轻人，漫不经心地回答说："我不是来应聘的。"年轻人惊讶极了："那你在这里等了一上午做什么呢？"那个人没有回答年轻人的问题，而是提出了一个问题："你觉得在报社工作需要具备什么样的条件呢？"年轻人想了想，回答说："细心，当然，还有一点也很重要，就是耐心。"听了年轻人的话，那个人脸上露出了笑容，说道："恭喜你，你被录取了。"年轻人这才明白，原来这位精干的人就是主任，也就是这次面试的主考官。

从这个故事可以看出，那位年轻人并非是甘于现状的人，他忍受着等待的枯燥和痛苦，但他更明白，自己这样的等待不能一无所获，而是需要有所获得，哪怕是见上面试官一面也好。然而，正是这样不甘于现状的心态让他最后赢得了那份工作。

努力启示

一个人若是不付出，不努力，就梦想着成功，那根本就是做白日梦，时间不会给予你任何东西，只会给你的人生留下一段空白。生活就是这样，你需要付出，才能有所收获，而这样的付出是不间断的，一旦你放弃了，那你所即将获得的成功也会随之不见。在更多的时候，你的付出与收获是成正比的，你付出的汗水和艰辛越多，你收获的东西也将越多。相反，如果你一点都不想付出，只想坐等成功，那是根本不可能的，你终究等来的是一场空。

第 4 章

趁着年轻，去完成每一个可能实现的梦想

张爱玲说："你还年轻吗？不要紧，很快就要老了。"年轻的时候，有很多很多的事情需要去做。趁着年轻的岁月，去干点什么吧。不要觉得自己年轻，还有很多时间，倘若在年轻时选择了安逸，那未来的人生路一定充满了坎坷。所以，年轻人，请倍加珍惜一生中最好的时光吧！

忙和没时间，是你的借口

日本女作家吉本芭娜娜出版了四十本小说和近三十本随笔集，《鲤》杂志曾采访过她："许多女人生了小孩之后就没有闲暇时间了，您现在有了孩子，是如何抽出时间来写作呢？"吉本芭娜娜说："确实没什么时间，但是我一直在拼命。为了争取多一点的写作时间，每天我都在与时间赛跑，最夸张的时候，你能想象吗？我几乎是站着吃饭。"估计许多年轻人看到这里会感到羞愧吧，比起吉本芭娜娜，许多人总是感慨自己时间不够、事情做不完，却从来不去利用那些零碎的时间。

犹太人洛克菲勒就是一位对工作异常勤奋的人。一天二十四个小时中，他的工作时间一般都在十五六个小时。而有的时候，他甚至可以一天工作十八九个小时。而有人给他计算下来，他的一生中平均每周工作 76 个小时，只休息很短的时间。经常是别人已经下班了，他还在勤奋地工作。他常常对别人说："如果你什么都不想干，那一天工作 8 个小时就可以了，可是如果你想干点什么，那么当别人下班的时候，正是你工作的时候。"别人问他："你怎么能一天工作 20 个小时？"他却说："一天工作 20 个小时怎么可以，我需要一天工作 48 个小时。"当人们看到他的时候，他总是在不停地忙于工作。于是凡是认识他的人都说洛克菲勒只有睡觉和吃饭的时候不谈工作，其余时间他都是泡在工作里。这位世界级的大富翁就是这样紧张而勤奋地工作着的，所以他才取得了举世瞩目的成就。

从来不说时间不够，保持勤勉的态度，是洛克菲勒成功的秘诀。洛克菲勒之所以能够获得成功，就在于他始终如一地保持勤勉的态度，从来不以忙和没时间作为借口。他的勤勉已经成为了顽强的奋斗，在他的眼里，一天 24 小时都已经不够用了，他希望能在一天内工作更长的时间。犹太人认为，只有勤勉的人才能够尝到胜利的果实，只有勤勉的人才能够得到命运的眷顾。所以，洛克菲勒用自己的实际行动证明了这样一个道理，如果你是一个做事勤勉的人，那么成功就已经离你不远了。

美国职业篮球协会1994年至1995年赛季的最佳新秀杰森·基德，谈到自己成功的历程时说："我小时候，父亲常常带我去打保龄球。我打得不好，总是找借口解释为什么打不好，而不是去找原因。父亲就对我说'别再找借口了，这些不是理由，你保龄球打得不好是因为你总说没时间练习。'他说的对，现在我一发现自己的缺点便努力改正，绝不找借口搪塞。"达拉斯小牛队每次练完球人们总是看到有个球员在球场内奔跑一小时，一再练习投篮，那就是杰森·基德。

成功与失败看起来似乎有天壤之别，但促成它们形成的原因，或许就是一些小小的细节，小小的习惯，比如常常为自己没有完成的事情而寻找借口，而大部分的借口则是"我很忙""我没时间"。失败是没有任何借口的，失败了就是失败了，我们在接受失败这个事实的同时，需要反省自己，而不是为失败寻找借口。当然，成功并不是那么随随便便轻易就达到的，我们必须付出艰辛的努力，在成功的道路上，我们要不断为之寻找理由，那些坚持、付出的汗水与艰辛都可以铸就最后的成功。

年轻人关于自己的未来总会有很多规划，但当他们未能完成时总向别人推诿："我最近很忙，根本没有时间。"迟迟不见有行为，但是如果你想有所获得，有所成就，做哪一件事不会耗费时间呢？我们经常看到优秀年轻人，举手抬足优雅，且写得一手好字，当你在羡慕对方的时候，是否想起对方为了培养优雅的仪态、练字一个人度过了多少沉默时光呢。忙和没时间是最烂的借口，因为每个人的时间都是公平的，之所以会抱怨没时间，不过是因为你在其他事情上浪费了时间。

财经作家吴晓波说："每一件与众不同的绝世好东西，其实都是以无比寂

寞的勤奋为前提的，要么是血，要么是汗，要么是大把大把的曼妙青春好时光。”如果年轻人倾力付出自己的努力，那早晚会从量变到质变，你现在每走的一个脚印，都会成为将来实现人生飞跃的跳板。年轻人总会订下许多计划，看书、运动、旅行等，不过常常因没有时间而不得不放弃。难道你的生活真的有那么忙吗？真相到底如何心知肚明，别总以忙和没时间当借口，那不过是在为自己的懒惰找理由而已。你若坚持努力，一定会发光，因为时间是所向披靡的武器，聚沙成塔，将人生一切的不可能都变成可能。

去做啊，为什么不去做呢

在很多时候，我们都有着自己的想法：希望自己将来能像松下幸之助一样成为获得巨大成功的实业家，希望进入自己梦寐以求的公司，谋得一个称心如意的职位，等等。但是，最终，有的人能够实现自己的愿望，走成功的人生；而有的人却不管怎么努力就达不到自己的理想。约瑟夫·墨菲说：“决定你命运的绝不是才能，更不是坏境和外在条件，而是你的思考方式，即你的想法。”从现在起，想象自己成为什么样的人，然后让这种“心想”成为一种习惯，在潜意识强大的力量之下，自己真的会成为想象中的人。你想成为什么样的人，就努力去成为这样的人；你想成就什么事业，就马上去行动。为什么不呢？因为年轻就是资本。

阿尔伯特·哈伯德出生于美国伊利诺伊州的布鲁明顿，父亲既是农场主又是乡村医生。年轻时的哈伯德曾在巴夫洛公司上班，是一名很成功的肥皂销售商，但是，他却对此感到不满足。1892 年，哈伯德放弃了自己的事业进入了哈佛大学，然后，他又辍学开始到英国徒步旅行，不久之后，哈伯德在伦敦遇到了威廉·莫瑞斯，并喜欢上了莫瑞斯的艺术与手工业出版社。

哈伯德回到美国，他试图找到一家出版社来出版自己的那套《短暂的旅行》的自传体丛书，但是，他没有找到任何一家出版社。于是，他决定自己来出版这套书，他创建了罗依科罗斯特出版社，哈伯德的书出版之后，他成为了既高产又畅销的作家。随着出版社规模的不断扩大，人们纷纷慕名而来拜访哈伯德，最初游客会在周围的四周住宿，但随着人越来越多，周围的住宿设施已经无法容纳更多的人了，哈伯德特地盖了一座旅馆，在装修旅馆时，哈伯德让工人做了一种简单的直线型家具，而这种家具受到了游客们的喜欢，哈伯德开始了家具创造业。哈伯德公司的业务蒸蒸日上，同时，出版社出版了《菲士利人》和《兄弟》两份月刊，而随后《致加西亚的信》的出版使哈伯德的影响力达到了顶峰。

有人说，阿尔伯特·哈伯德是无比传奇的一生，他之所以能在多方面都能获得成功，在于他从来都是想做就做，不断地朝着自己的一个又一个目标而努力奋进。阿尔伯特·哈伯德是一位坚强的个人主义者，一生坚持不懈、勤奋努力地工作着，成功对于他来说是理所当然的。在《致加西亚的信》中，阿尔伯特·哈伯德讲述了罗文送信这样的情节："美国总统将一封写给加西亚的信交给了罗文，罗文接过信以后，并没有问：'他在哪里？'而是立即出发。"犹豫、拖沓的生活态度，对许多人来说已经是一种常态，要想成为罗文这样的人，我们就应该马上去做。

在麦克小学六年级的时候，由于考试得了第一名，老师送给他一本世界地图，麦克十分高兴，回到家就开始翻看这本世界地图。然而，很不幸的是，那天正好轮到他为家人烧洗澡水，他一边烧水，一边在灶间看地图。突然，麦克看到了一张埃及的地图，原来埃及有金字塔、尼罗河、法老王，还有许多神秘的东西，他心想：我长大以后一定要去埃及。麦克正看得入神的时候，爸爸走过来了，他大声对麦克说："你在干什么？"麦克说："我在看地图。"爸爸跑过来给了他两个耳光，然后说："赶快生火！看什么埃及地图！"然后，他又踢了他一脚，严肃地对麦克说："我给你保证！你这辈子绝不可能到那么遥远的地方！赶快生火！"

麦克呆住了，心想：爸爸怎么给我这么奇怪的保证，真的吗？难道我这辈子真的不能去埃及吗？20年后，麦克第一次出国就去了埃及，朋友都问

他:“你到埃及去干什么？”他说:“因为我的生命不要被保证。”麦克自己跑到了埃及，当他坐在金字塔的最前面，他买了张明信片写给爸爸:“亲爱的爸爸，我现在在埃及的金字塔前面给你写信，记得小时候，你打我两个耳光，踢我一脚，保证我不能到这么远的地方来。”

人生的精彩源于梦想的精彩，你的行为决定成就的高度。其实，我们每个人都是自己命运的设计师。人生的道路该如何去走，向着什么方向去走，最终要达到什么样的目标……所有这些问题都应该是我们自己的立场，而不需要被别人保证。如果我们想去做事情，为什么不去呢？如果我们失去了去尝试的勇气，那么一生也不会有什么大的作为。

努力启示

许多年轻人总是说:“我想做……”但他们总是停留在口头表达，迟迟不肯行动，前怕狼后怕虎，又想去做，但又担心失败，结果就是卡在那里。多年后，依然是平平庸庸，事业也不见起色。实际上，年轻人因为有年轻的资本，哪怕失败了也可以一切重来。如果你总是犹豫不决，那只会一事无成。所以，年轻人要珍惜自己的美好时光，想去做就去做，为什么不呢？

试着创业，失败了也没什么

年轻常常与冒险为伍，年轻人，你是否有过冒险的经历呢？许多年轻人在大学毕业后靠着家里的关系进了国企、民营企业，拿着一份不菲的薪水，每天过着擦桌子看报纸的安逸生活。尽管生命还有很长的一段路，但他们却早早地过着衣食无忧的生活。或许，这是上天的眷顾，然而，这也是上天的考验。太年轻就选择停滞不前，人生最终也不过如此。年轻人就应该富有冒险家般的精神，大胆创业，即使失败了也可以重来。

新希望集团总裁刘永好，曾是四川省机械厅干部学校讲师。在他还没有创业时，他也是一个生活不是很富裕的人，后来，他与几位兄弟相继辞去公职，卖掉自己的自行车、手表等一切值钱的东西，凑足1000元人民币，到川西农村创业，办起良种场。

万事开头难，刘氏兄弟的第一笔生意差点就让良种场夭折。当时，资阳县一个专业户向他们预订了10万只良种鸡。种种原因，对方后来只要了2万只，剩下的8万只鸡怎么办？打听到成都有市场后，他们连夜动手编竹筐，此后四兄弟每日凌晨4点就开始动身，先蹬3个小时自行车，赶到20公里以外的集市，再用土喇叭扯起嗓子叫卖。等几千只鸡卖完，拖着疲惫的身子蹬车回家时，早已是月朗星疏了。这样，十几天下来，四兄弟个个掉了十几斤肉，但所幸的是8万只鸡苗总算全脱手了。

回顾这段经历，刘永好说，为了创业我投下了一切赌注，如果干不下去，我的公职、财产将一无所有，所以再苦再难，也要往前走。无论再艰辛，压力再大的事儿，只要沉下心来去做了，这一关就总能挺过来。

年轻人，应该给自己一片没有退路的悬崖，大胆创业。从某种意义上来说，正是给自己一个向生命高地发起冲锋的机会。当一个人面临后无退路的境地，人才会集中精力奋勇向前，从生活中争到属于自己的位置。出路还没打探明白的时候，就先开始筹划退路，这势必会影响他们开拓新生活的冲劲，进三步退两步，很难有根本性的改变。

罗马纳·巴纽埃洛斯是美国第34任财政部长。但在当初，她只是一位贫穷的墨西哥姑娘，16岁就结婚，后来失去了丈夫的支持，独自抚养两个儿子。但是，她那时就决心谋求一种令她自己及两个儿子感到体面和自豪的生活。于是，在梦想的支撑下，她口袋里装着7美元，带着两个儿子乘公共汽车来到洛杉矶寻求更好的发展。

最初她做洗碗的工作，后来找到什么活就做什么，拼命攒钱直到存了400美元后，便和她的姨母共同经营玉米饼店，结果非常成功，并开了几家分店。后来，她经营的小玉米饼店铺成为全国最大的墨西哥食品批发商，拥

有员工300多人。

在经济上有了保障之后，巴纽埃洛斯便将精力转移到提高她美籍墨西哥同胞的地位上。和许多朋友在东洛杉矶创建了“泛美国民银行”。这家银行主要是为美籍墨西哥人所居住的社区服务。如今，银行资产已增长到2200多万美元，但她的成功确实来之不易。

当初，有人告诫她说：“美籍墨西哥人不能创办自己的银行，你们没有资格创办一家银行，同时永远不会成功。”就连墨西哥人也说：“我们已经努力了十几年，总是失败，你知道吗？墨西哥人不是银行家呀！”但是，她始终不放弃自己的梦想，努力不懈。

如今，这家银行取得伟大成功的故事在洛杉矶已经传为佳话，巴纽埃洛斯也成为美国第34任财政部长。

创业是一切成就的起点。只有确立了前进的梦想，年轻人才会最大可能地发挥自己的潜力。不仅仅是梦想，更需要行动起来，只有在实现梦想的过程中，我们才能够检验出自己的创造性，调动沉睡在心中的那些优异、独特的品质，才能锻炼自己、造就自己。爱因斯坦曾说：“想别人不敢想，你已经成功了一半。做别人不敢做的，你会成功另一半。”

成功是没有秘诀的，敢想敢做，给自己定一个创业目标，然后努力，全身心努力，总会有收获。敢想可以使一个人的能力发挥到极致，也可能逼得一个人贡献出一切，排除人生道路上的所有障碍。年轻人千万不要抱怨自己运气不够好，因为唯有行动才能够改变自己的命运。行动就是力量，十个空洞的幻想不如一个实际行动。

努力启示

年轻人创业，最重要的就是勇敢尝试，敢于不计后果，不要过多地顾虑，敢于想到什么就马上去实践，哪怕有时需要承担一些风险，也要勇敢地去尝试创业。假如说尝试创业就有可能取得成功，那假如不敢去尝试，那就永远也尝试不到成功。

你还年轻，你不该总是思前想后

从前有一头毛驴，它拥有两堆草料。它饿了，可是站在两堆草料中间，是去左边还是去右边呢？往左边走走……嗯，还是去吃右边的比较好；往右边走了几步……算了，还是去左边那堆好了。走走又回头，回头又走走，于是，这头幸运的、富有的毛驴，就这样在两堆草料间活活地饿死了。这个故事当然是有点夸张，可是，不要说人就不会做这样的傻事。因为人比毛驴聪明，思考能力强，在前思后想中，更容易犹豫不决，失去机会。在生活中，有不少年轻人做事思前想后，顾虑太多，结果在犹豫不决中丧失了绝佳的机会，也失去了改变人生的机会。

安妮是哈佛大学里艺术团的歌剧演员，她有一个梦想：大学毕业后，先去欧洲旅游一年，然后要在纽约百老汇占有一席之地。心理老师找到安妮说："你今天去百老汇跟毕业后去有什么差别？"安妮仔细一想，说："是呀，大学生活并不能帮我争取到去百老汇工作的机会。"于是，安妮决定一年后去百老汇闯荡，老师感到不解："你现在去跟一年以后去有什么不同？"安妮想了一会，对老师说："我决定下学期就出发。"老师紧紧追问："你下学期去跟今天去，有什么不一样呢？"安妮有点眩晕了，她决定下个月就去百老汇。老师继续追问："一个月以后去跟今天去有什么不同？"安妮激动不已，说："给我一个星期的时间准备一下，我就出发。"老师步步紧逼："所有的生活用品在百老汇都能买到，你一个星期以后去和今天去有什么差别？"安妮激动地说："好，我明天就去。"老师点点头："我已经帮你预定了明天的机票。"

第二天，安妮飞赴了百老汇，当时，百老汇的制片人正在酝酿一部经典剧目，许多艺术家都前去应聘。当时的应聘步骤是先挑出 10 个左右的候选人，然后，再要求每人按剧本演绎一段主角的对白。安妮到了纽约后，没有

着急打扮自己，而是费尽心思从一个化妆师手里要到了剧本，在以后的两天时间里，她闭门苦练，悄悄演练。到了正式面试那天，安妮表演了一段剧目，她感情真挚，表演惟妙惟肖，制片人惊呆了，当即决定主角非安妮莫属。

安妮到纽约的第一天就顺利进入了百老汇，穿上了她人生中的第一双红舞鞋，她的梦想实现了，她成为了百老汇的一名演员。当然，她很快就实现了自己的梦想，尽管之前的她是犹豫的，不过她依然抓住了时间——马上出发。在生活中许多追逐梦想的人，总是磨磨蹭蹭，前怕狼后怕虎，结果硬生生地耽误了时间，错失了良机。

有一天，老鼠大王召集了鼠族成员召开一次会议，大家围在一起商量如何对付猫吃老鼠的问题。当老鼠大王抛出了问题，老鼠们都积极发言，出主意，提建议，不过会议持续了很久，最终也没有找到一个可行的方法。

这时，一个平时被大家称为最聪明的老鼠对大家说："通过我们与猫多次作战的经验表明，猫的武功实在太高了，若是单打独斗，我们根本不是它的对手。我觉得对付它的唯一办法就是——预防。"大伙听了面面相觑，问道："怎么防呢？"这个老鼠狡黠地说："给猫的脖子上系上铃铛，这样，猫一走铃铛就会响，听到铃声我们就躲藏到洞里，它就没有办法捉到我们了。"老鼠们听了都雀跃起来："好办法，好办法，真是个聪明的主意！"

老鼠大王听了这个办法以后，高兴得什么都忘记了，当即宣布举行大宴。可是，第二天酒醒了以后，觉得不对。于是，又召开紧急会议，并宣布说："给猫系铃铛这个方案我批准，现在开始就落实到具体行动中。"一群老鼠激动不已："说做就做，真好真好！"受到老鼠们的支持，鼠王问道："那好，有谁愿意去完成这个艰巨而又伟大的任务呢？"会场里一片寂静，等了好久都没有回应。

于是，老鼠大王命令道："如果没有报名的，我就点名啦。小老鼠，你机灵，你去给猫系铃铛吧。"老鼠大王指着一个小老鼠说。小老鼠一听，马上浑身颤抖一团，战战战兢兢地说："回大王，我年轻，没有经验，最好找个经验丰富的吧。"接着，老鼠大王又对年纪稍大的鼠宰相发出命令："那么，最有经验的要数鼠宰相了，您去吧。”鼠宰相一听，吓坏了胆，马上哀求说：“哎呀呀，我这老眼昏花、腿脚不灵的怎能担当得了如此重任呢，还是找个身强体壮的吧。”于是，老鼠大王派出了那个出主意的老鼠。这只老鼠哧溜一声逃离了会场，从此，再也没有见到它。最终，老鼠大王一直到死，也没有实现给猫系铃铛的愿望。

目标是否可以实现，关键在于及时行动。在任何一个领域里，不努力去行动的人，就不会获得成功。正所谓“说一尺不如行一寸”，任何希望、任何计划最终必然要落实到具体的行动中。只有及时行动才可以缩短自己与目标之间的距离，也只有行动才能将梦想变为现实。如果你只是心里想想，总是考虑其他的因素，错过了及时行动的机会，那会后悔莫及。

努力启示

人生有三大憾事：遇良师不学；遇良友不交；遇良机不握。很多人把握不住机遇，不是因为他们没有条件，没有胆识，而是他们考虑得太多，在患得患失间，机遇的列车在你这一站停靠了几分钟，又向下一站行驶了。我们生活在一个激烈竞争的时代，很多机会本来就是稍纵即逝的。每每，在优柔寡断的人左思右想的时候，机会已经溜到了别人手里，把他远远抛在了后面。

趁着年轻，努力一把

年轻人，如果你不是富二代，挣钱又不多，那你拿什么来享受生活呢？趁着年轻，努力一把，而不是安于现状，这样你才有能力为高品质生活买单。生活充斥着酸甜苦辣的味道，只有经历了苦辣之后，才能体会到生活的甘甜之味。年轻是美好的，你的选择不同，人生经历也会不同，有人选择安

逸的生活，有人选择疯狂，而我选择在这美好的岁月里洒下汗水，种下希望，努力奋斗。当然，努力并非说说而已，年轻人需要给自己制订目标，有一个良好的心态，努力学习，不断充电，对自己想做的事情有一种强烈的欲望。

安东尼·拉马纳出生于意大利西西里岛的一个小村庄里，家里有十个兄弟姐妹，因此他不到12岁就到采石场干活了。不过，安东尼却不甘心自己的命运就是这样，于是他常常会利用一些休息的时间阅读有关西西里岛的历史和地理，并听老人们讲述岛屿的变迁。从书中，他看到了外面的世界与岛屿的差距，因此他在16岁那年，沿着山谷顺流而下，一直来到海边，随后跟着一艘货船来到了美国。

在他22岁那年，安东尼凭借着不懈的努力，获得了梦寐以求的证书——一张石匠工会卡，不久他便被选去在林肯的纪念碑上，雕刻林肯在葛底斯堡的演讲词。在雕刻林肯的演讲词时，他深深地被林肯的人生经历所打动。他想：林肯这位生活艰辛，而最后靠着学习改变命运的人，早年生活几乎跟自己一样，不过后来他却当上了律师，最后竟当上了总统，那么自己是不是也会有功成名就的一天呢？他突然之间做了一个决定，要成为一名律师。对此，朋友都笑话他："你是林肯第二吧？安东尼，你看雕像看呆了。"

安东尼过去只在西西里岛的一所乡村小学读到五年级，想在华盛顿大学国家法律中心学习，这简直是痴人说梦。何况他还要在脚手架上连续工作10小时，但是他却没有退缩，一下班就去夜校补习英文，他的帆布兜里时刻都有锤子、午饭和课本，他常常匆匆忙忙地吃过午饭便抓紧时间读书，甚至有时候一手拿着书，一手拿着两片玉米饼，中间夹着一块咸猪肉坐在木头上边吃边学习。

终于，功夫不负有心人。安东尼考入了法律学校，但是，因为第二次世界大战爆发，他只得离开美国去同法西斯作战。回国后，他在很短的时间里连续获得了一个法学学士和一个法学硕士的学位，后来，他一直在纽约和华盛顿担任律师，工作十分出色。

有人曾问安东尼："读书、学习时，难道你不感觉到累吗？"他回答说：

“那不可能，因为每个人都必须自己去发现动力，并自己为动力确定具体的含义。”不感觉到累，是因为相信自己一定能行。即便自己被朋友嘲笑，他也从来没动摇过努力的决心。正因为对自己有绝对的信心，安东尼才得以成功。

几十年前，在美国有一个十多岁的穷小子，他自小生长在贫民窟里，身体非常瘦弱，却立志长大后要做美国总统。如何实现这样的抱负呢？年纪轻轻的他，经过几天几夜的思索，拟定了这样一系列的计划：

做美国总统首先要做美国州长——要竞选州长必须得到雄厚的财力支持——要获得财团的支持就一定得融入财团——要融入财团就需要娶一位豪门千金——要娶一位豪门千金必须成为名人——成为名人的快速方法就是做电影明星——做电影明星前得练好身体，练出阳刚之气。

按照这样的思路，他开始步步为营。一天，当他看到著名的体操运动主席库尔后，他相信练健美是强身健体的好办法，因而有了练健美的想法。他开始刻苦而持之以恒地练习健美，他渴望成为世界上最结实的男人。三年后，凭着发达的肌肉和健壮的体格，他开始成为健美先生。

在以后的几年中，他成了欧洲乃至世界健美先生。22 岁时，他进入了美国好莱坞。在好莱坞，他花了十年时间，利用自己在体育方面的成就，一心塑造坚强不屈、百折不挠的硬汉形象。终于，他在演艺界声名鹊起，当他的电影事业如日中天时，女友的家庭在他们相恋九年后，终于接纳了他这位“黑脸庄稼人”。他的女友就是赫赫有名的肯尼迪总统的侄女。

婚姻生活过了十几个春秋，他与太太生育了四个孩子，建立了一个“五好”家庭。2003 年，年逾 57 岁的他，告老退出了影坛，转而从政，并成功地竞选成为美国加州州长。

他就是阿诺德·施瓦辛格。他的经历告诉我们，目标要远大，经营自己的过程却要稳扎稳打，在一个台阶上站好了，然后再瞄准下一步。

志存远大，这是一直被我们推崇的。但是在现实中，仅仅努力还远远不够。就如阿诺德·施瓦辛格一样，如何开动脑筋，尽快突破小目标，实现大目标，才是年轻人最应该重点费心思考的问题。总结阿诺德·施瓦辛格的成

功经历，我们可以总结出这样一句话：从大处着眼，从小处着手，化整为零地循序前进。作为年轻人，谁都妄想自己能一步登天，一夕成名，一下子便成为一个亿万富翁。有目标、有憧憬是好事，但善于规划才是硬道理。

年轻，没有理由不努力，与其在暮年擦拭悔恨的泪水，不如趁年轻努力一把。年轻人要敢想敢做，勇于付出，相信没有什么是做不到的，也没有什么是能够难倒年轻的自己。人生不息，奋斗不止，只要你还年轻，就大胆勇敢地向前冲，只要坚定信念，成功就会在眼前。年轻人，只要梦想还在，那就在美好的岁月里保持前进的脚步吧！

逼自己一把，否则你永远不知道自己多出色

在生活中，许多年轻人不敢追求成功，原因并不是追求不到成功，而是他们在还没有开始追逐之前就在心里默认了一个“高度”，这个高度常常暗示自己：成功是不可能的，这个是没办法做到的。“心理高度”成为了人们无法取得成功的根本原因之一，自我设限是一件很悲哀的事情，跳蚤并非失去了跳跃的能力，而是他们在受挫之后变得麻木了，习惯了。所以，我们要将成功的信念注入血液之中，不断地告诉自己“我能行”“我努力就一定能成功”“我是最优秀的”，不断增强自信心，勇于向成功奋进。年轻人，如果你不逼自己一把，那你根本无法想象你是多么的出色。

1900 年，著名教授普朗克和儿子在花园里散步，他看起来神情沮丧，遗憾地对儿子说：“孩子，十分遗憾，今天有个发现，它和牛顿的发现同样重要。”原来，他提出了量子力学假设以及普朗克公式，但是，由于他一直很

崇拜被奉为权威的牛顿理论，而自己的发现将打破这一完美理论，他有些怀疑自己的判断，最终他宣布取消自己的假设。不久之后，25 岁的爱因斯坦大胆假设，他赞赏普朗克假设并向纵深处引申，提出了光量子理论，奠定了量子力学的基础。随后，爱因斯坦又突破了牛顿绝对时空理论，创立了震惊世界的相对论，并一举成名。

对自己的怀疑，常常会让我们失去了成功的机会，或是让我们放慢了前进的脚步。普朗克对自己的怀疑，使整个物理理论停滞了几十年。所以，任何时候，都切莫怀疑自己，而是努力、勇敢地证明自己，这样我们才有可能站在成功的顶峰之上。

1796 年的一天，在德国哥廷根大学，19 岁的高斯吃完了晚饭，就开始做导师单独布置给自己的每天例行三道数学题。高斯很快就把前面两道题做完了，这时，他看到了第三道题：要求只用圆规和一把没有刻度的直尺，画出一个正 17 边形。高斯感到非常吃力，时间很快就过去了，但是，这道题还是没有一点进展，高斯绞尽脑汁，但是，他很快发现自己学过的所有数学知识似乎都不能解答这道题。不过，这反而激起了高斯的斗志，他下决心：我一定要把它做出来！他拿起了圆规和直尺，一边思考一边在纸上画着，尝试着用一些常规的思路去找出答案。

天快亮了，高斯长舒了一口气，自己终于解答了这道难题。见到导师，高斯有点内疚："您给我布置的第三道题，我竟然做了整整一个通宵，我辜负了您对我的栽培……"导师接过作业，当即惊呆了，他用颤抖的声音对高斯说："这是你自己做出来的吗？"高斯有点疑惑："是我做的，但是，我花了整整一个通宵。"导师激动地说："你知不知道，你解开了一道两千多年历史的数学题，阿基米德没有解决，牛顿没有解决，你竟然一个晚上就做出来了，你才是真正的天才！"原来，导师误把这道难题交给了高斯，每次高斯回忆起这一幕时，总是说："如果有人告诉我，这是一道两千多年历史的数学难题，我可能永远也没有信心将它解出来。"

我们应该永远记住一句话：你比自己想象中更优秀。因为我们每个人所拥有的潜能都是无穷的，我们所展现出来的只是九牛一毛，还有更多的等待

我们去挖掘。相信自己，多给自己一份肯定，自己永远比想象中优秀一点，这样，你才会成功地挖掘出自己的潜在价值，从而使自己变得更优秀。

努力启示

许多年轻人不明白自己的价值所在，他们也不知道自己到底具有多大的潜能，所以，谁也不知道自己到底会有多么伟大。事实上，一个人的价值有时候是显现的，但在很多时候都是隐现的，而在每个人的身体里，都蕴藏着巨大的能量，这就是我们的价值所在。只要我们勇于去寻找真实的自我，激发出自己无穷的能量，就能够彰显自身的价值，这会让我们人生的每一刻都过得精彩。

第5章

与世界拼命碰撞，哪怕遍体鳞伤

凡成大事者，必须经得起磨难的历练，经得起失败的打击，成功需要风风雨雨的洗礼，一个有追求、有抱负的人，总是视挫折为动力，有一句话说的好："能受天磨真铁汉，不遭人嫉是庸才。"所以说：磨难对于天才是一块成功的跳板，对强者是一笔宝贵的财富，而对于弱者，就是使之坚强的臂力器。

想成功？先准备面对失败吧

年轻人如果渴望成功，那先准备面对失败吧。爱默生曾说："每一种挫折或不利的突变，是带着同样或较大的有利的种子。"在失败的背后，往往隐藏着宝贵的经验与信念，事实上，失败是一笔不可缺少的财富。虽然，我们在遭遇挫折，面临失败的时候，都会产生一定程度的负面情绪，但是，如果自己长期深陷其中而不能自拔，失败就会成为你的代名词。美国著名心理学家贝弗利·波特认为，当一个人在工作中的失败感大于他所取得的成就感时，就很有可能对自己的工作失去热情，而当这种失败感以一定的频率出现的时候，他就很容易对自己的工作产生倦怠。面对失败，我们需要做的并不是自甘堕落，自暴自弃，而是不断积累失败的经验，让失败成为一笔财富。

在人生道路上，成功没有巅峰，追求没有止境，短暂的荣誉往往会束缚着人们前进的手脚，一时的辉煌往往会消减人们的斗志。而失败，让人痛心更催人奋进，既让人难堪更让人坚定，让人们在放弃时能鼓足勇气，想逃避时拾起自尊。失败是成功的前奏，失败是一笔财富，失败能够使人不断地反省自己，在逆境中奋进，在低谷中抓住机遇，不断冒险与尝试，最后采摘成功的果实。

和田一夫 21 岁那年，自己经营的位于静冈县热海家的蔬菜水果店被一场大火烧毁，和田一夫几乎失去了所有，但是，失败并没有让他放弃希望，他将烧成平地的 100 坪土地拿去做抵押，借钱买了块 300 坪的土地盖了一个超级市场，开创了日本八百伴。超级市场在和田一夫的经营下，发展越来越好，这时，和田一夫想带着自己的超级市场进军亚洲，而新加坡成为了进入亚洲的起点。

1972 年，和田一夫和日本野村证券公司第一次考察新加坡市场，然而，

就在新加坡，他碰到了两件令自己苦恼的事情：由于新加坡租金太贵，完全超出了自己的预算；在新加坡期间，和田一夫无意中听到一位的士司机告诉他一段日本人杀害新加坡人的国仇家恨。对此，和田一夫说："对日本百货公司来说，70年代是一个必须面对历史的时代。"回到日本后，和田一夫告诉了董事们这两件事，结果董事们纷纷表示反对投资新加坡。但是，和田一夫明白"零售业成功的因素是要消费者口袋里装着钞票"，于是，在70年代初期，和田一夫在新加坡开辟了第一个亚洲市场。1976年，受世界石油危机的冲击，巴西八百伴被迫关门。通过这次教训，和田一夫领悟到："不该死守一个地方，要大胆调动资金，分散资产。"紧接着，八百伴从东南亚"流通"到了台湾、香港、中国。80年代末期至90年代初期，整个亚洲经济处于全盛时期，和田一夫的八百伴集团在16个国家拥有了400多间百货公司，八百伴集团坐上了世界零售业第一把交椅。

1997年，和田一夫在日本负责掌管日本八百伴公司的弟弟，因被指控欺骗日本财政部而被法庭判定有罪，当时也判定和田一夫结束所有海外企业，回日本受审。当时，日本媒体称和田一夫将资金调动到中国，拖累了日本八百伴。顿时，一夜之间，和田一夫变成了一个连累八百伴股东和员工的罪人。这时，和田一夫做出了决定，宣布"自我破产"，交出所有财物，向企业界告别，搬到一个租来的房子里。

如今，和田一夫成立了"和田一夫企业咨询公司"，他的日常工作就是用电脑给许多企业家回答问题，为企业团体作演讲。同时，他以探讨自己的失败撰写了《从零开始的经营学》，这本书成为了日本经典著作之一。对此，和田一夫这样说："失败是我的财富，我想将这个企业咨询网络像当年八百伴一样伸展到亚洲，甚至全世界。"

杰出的音乐家贝多芬在与外界声音隔绝之后，坚持音乐创作并获得了巨大的成功；只受过三年正规教育，被老师认定是一个智力迟钝的学生——爱迪生，在经过不懈的努力之后，他成为了最伟大的发明家之一。失败并不可怕，只要你在失败中不断地积累经验，终究能将失败变成财富。

日本著名实业家原安三朗曾说："年轻时赚一百万的经验，并不能称为将

来赚十亿元的经验，但损失一百万的经验，倒可以赚十亿元的，逆境是锻炼人才最好的机会。”一个不能认识和接受失败的人，也无法看清楚成功的本质，从失败的教训中学到的东西，往往比成功中学到的还要深刻。成功，总是在经历多次失败之后才姗姗来迟，正确面对失败，才是走向成功的重要素质和能力。

努力启示

其实，遭受失败并不可怕，关键是用积极的心态来面对。只要我们能改变心态，把每一次的失败都当作考验自己的机会，把它当作超越自己的一次机遇，那么，我们就不会沉浸在痛苦里，甚至感谢失败让我们看清了真相，获得了经验。失败会让人变得成熟，它是人生的一笔宝贵财富。

不是不够幸运，而是不够努力

许多年轻人对身边那些做出成就的人总是抱以羡慕嫉妒的眼光，从而感叹自己命运多舛，运气很差。不过，年轻人请重新审视一下自己，真的是因为运气很差吗？运气往往与好运相连，如果足够努力，那好运自然会到来。在这个世界，没有无缘无故的好运，所有的好运都是努力而来的。做人做事有多大的力气，就会有多成功。年轻人，永远记住一句话：越努力，越幸运。

年轻人，请放下你的浮躁，放下你的懒惰，放下三分钟热度，放空容易受诱惑的大脑，放开容易被新奇事物吸引的眼睛，闭上喜欢聊八卦的嘴巴，静下心来好好努力。当你认真地努力之后，你会发现自己比想象中更优秀，好运也会在期待中降临。

1896年4月6日，现代奥运史上的第一个世界冠军诞生了，他就是来自美国哈佛大学的大学生詹姆斯·康纳利。

康纳利1895年被哈佛大学录取，学习古典文学。在学校时，他已经是当时全美三级跳远冠军了。听说奥运会即将在雅典举行，他便向学校请8周假想去参赛，但学校拒绝了他的要求。康纳利执意要到奥运会上一试身手，于是他离开了哈佛，自己争取到参加奥运会的资格，成为有11人组成的美国代表团的成员之一。

与他一同前去的其他美国同伴都是波士顿体育协会麾下的运动员，参赛是免费的。而康纳利太穷了，他享受不到这种待遇。他这次参赛是在一家很小的体育协会的赞助下才成行的。由于资金紧张，他花掉了自己仅有的700美元的积蓄，才登上了德国德福达号货船。

就在启航的前两天，他伤了后背，几乎毁了他的全部计划。幸运的是，在从纽约到那不勒斯的17天航行中，他的伤痊愈了。但是刚下船，他的钱包又被人偷走了。这还不算，更为糟糕的事接踵而来：因为希腊历制和西方历制不同，比赛在他们到达的第二天就开始了，而不是他们原以为的12天之后；而对他更为不利的是，他的三级跳远项目的起跳要求是单足跳、单足跳、起跳，而不是他从小练习的传统跳法单足跳、跨步、起跳。

4月6日下午，三级跳远比赛开始了。在其他运动员跳完之后，康纳利最后一个出场。他走到沙坑前，把帽子扔到了一个别的运动员跳不到的位置上，大声呼喊自己要跳到帽子那里去。他在跑道上加速，按照新的规则，先两个单足跳，然后起跳，最后落在比他的帽子更远的地方，跳出了13.71米的好成绩，成为当之无愧的现代奥运史上的第一个冠军。

1949年，哈佛大学试图与他和解，并授予他博士学位。

詹姆斯·康纳利很幸运吗？或许所有人都会这样觉得，但事实上你永远不知道他背后的努力。并不是每个人都能在逆境中坚持自己的决定。面临着参加奥运会就要离开学校，且自己自费参赛的严峻考验，詹姆斯·康纳利坚持自己的想法，最终博得了胜利。正如一位哲人所言：成功者大都起始于不

好的环境并经历许多令人心碎的挣扎和奋斗。他们生命的转折点通常都是在危急时刻才降临。经历了这些沧桑之后，他们才具有了更健全的人格和更强大的力量。

在通往成功的路途上，任何的抱怨和借口都无济于事，唯有努力才是真刀实枪的本事。努力的年轻人，不用去寻找好运，因为他就是好运。越努力越好运，这确实是一个成功的奥秘。努力本身带给我们有益的东西远远大于成功，在努力的过程中，不断磨炼，不断尝试，到成功那一天，所有的努力都会聚沙成塔，成就自我。

你知道吗？风往哪个方向吹，草就往哪个方向倒。年轻人要做风，即便最后遍体鳞伤，但也会长出翅膀，勇敢地飞翔。努力吧！在路上的年轻人。一个年轻人如果缺少棱角、缺少勇气，无法选择走自己的路，那他只能成为被风吹倒的草。所以，大胆走自己的路，努力吧，总有一天，你会成为翱翔的雄鹰，繁华褪尽，剩下的只有荣光。

向日葵不放弃阳光，我便不放弃梦想

每个人心中都怀着一个梦想，苏珊大妈就曾高唱着：“我曾梦想着我的人生，完全不像我现在的生活，现在不像我曾经的想象，如今现实的生活已经扼杀了我昔日的梦想。”也许，在实现梦想的路途中，有的梦想破灭了，有的梦想实现了，有的梦想还在实现的路上。然而，我们需要永远记住一个原则：只要坚定自己的梦想，梦想就不会再遥不可及，梦想可以照进现实。“梦想成真”是一句美好的祝福，我们经常会永远祝福朋友，其实，美好的祝福依然可以送给自己。现实生活可能会给我们的梦想增加阻力，但是，还不足以毁灭我们的梦想，能够扼杀梦想的只是我们自己。所以，无论现实生活多么令人绝望，我们都要坚定心中的梦想，因为梦想总会成真。无论自己的梦想是多么模糊，不管自己的梦想是多么的不可思议，但只要坚定自己的梦想，梦想终究会成为现实。只要向日葵不放弃阳光，我便不放弃梦想。

1955 年，马云受托去美国催讨一笔债务，结果，他一分钱都没有要到，但他发现了互联网。顿时，马云意识到互联网是一座等待开掘的金矿，在回到杭州之后，马云身上只剩下 1 美元和一个疯狂的念头：做互联网。

然而，当他把自己的梦想告诉身边的朋友时，却遭到了朋友的一致反对，但是，马云并没有放弃自己的梦想，而是坚定了自己的梦想。马云找了一个搭档，加上自己的妻子，3 人凑足了 2 万元启动资金，开始了自己的第一家互联网公司。刚开始，生意很困难，马云不得不在杭州街头的大排档里，口沫乱飞地讲述自己的梦想，人们都认为他是一个骗子。但是，马云无暇去注意别人对自己的称谓，而是不屈不饶地讲自己的互联网梦想，慢慢地，他的业务开始艰难地发展起来，马云越来越有名，他所做的“中国黄页”也越做越大。这时，杭州电信要求与马云合作，马云当即答应了，居然将营业额做到了 700 万元，但是，由于之后的合作出现了问题，马云毅然放弃了中国黄页，接受了原外经贸部的邀请。马云带着 5 个朋友北上，他们在北京租了一个 20 平方米的房间，连续苦干 15 个月，他们做出了一系列官方网站，但是，由于股份制难以落实，马云选择了再一次放弃。

在这 4 年的时间里，马云舍弃了 2 次，这其中的艰辛可想而知，但是，马云的互联网梦想却丝毫没有动摇，他再一次决定：回杭州创办自己的公司，一切从零开始。1999 年 4 月 15 日，阿里巴巴上线，很快在商业圈里声名鹊起，马云开始在世界各地讲述互联网的梦想，著名的风险投资公司 InvestAB 的亚洲代表台湾蔡崇信加盟到其中，随后华尔街多家公司向阿里巴巴投入了 500 万美元，一时之间，阿里巴巴声名大振，马云的互联网梦想实

现了。

萨谬尔森，曾荣获诺贝尔经济学奖，他曾说：“人们应该首先认定自己有能力实现梦想，其次才是用双手去建造这座理想大厦。”

努力启示

每个人都有自己的梦想和目标，可能并不是每个人都能实现自己的梦想，但是，只有坚持相信梦想成真的人，他们一定会实现自己的梦想。即使生活里来了困难与挫折，不要沮丧，不要放弃，我们应该更加坚定自己的梦想，努力实现梦想，一旦机遇来临，我们就能实现它。年轻人，记住一句话：向日葵不放弃阳光，我便不放弃梦想。

每一次挫折，都是一种成长

曾有人说：成功的人生是痛苦与失败的交织，是磨难与顺利的交替。卓越的人生从卓越的目标开始，卓越目标的背后必然是充满荆棘和坎坷的路。经受了荆棘的刺痛和坎坷的摔打，追求成功的意志才会坚强起来，历练是人生不可多得的宝贵财富，拥有了这笔财富，就没有什么困难不能克服，没有什么曲折可以把人击倒。丰富的人生历练是走向成功的奠基石。命运赐给我们机遇和幸福，同时也给我们缺憾和苦难，我们没有必要畏缩自卑，更没有必要怨天尤人，用坚强的意志和刚毅的态度对待磨难，用豁达的心态对待生活，就会多一些希望，多几分幸福。对于年轻人而言，每一次挫折，都将是一种成长。

1832 年，毕业于哈佛大学的亚伯拉罕·林肯失业了，这令他感到很难过，他下定决心要成为政治家，去当一名州议员。但是，糟糕的是，他在竞选中失败了，在短短的一年里，林肯遭受了两次打击，对他而言无疑是痛苦的。接着，林肯开始自己创业，当即开办了一家企业，可是还不到一年，这家企业倒闭了，在这之后的17年里，林肯都在为偿还企业欠下的债务而奔波劳累。不久之后，林肯又一次参加竞选州议员，这次他成功了，在林肯内心深处有了一线希望，他认为自己的生活有了转机，心想："可能我就可以成功了。"

然而，人生的逆境好像永远没有结束的那一天。1835年，亚伯拉罕·林肯与漂亮的未婚妻订婚了，但离结婚的日子还差几个月的时候，未婚妻却不幸去世，林肯心力交瘁，几个月卧床不起，没过多久，他就患上了精神衰弱症。1838年，林肯觉得自己身体好了些，他决定竞选州议会议长，但是，在这次竞选中他又失败了。再接再厉的精神鼓舞着林肯，1843年，林肯参加竞选美国国会议员，这次他所面临的依旧是失败。但是，林肯却一直没有放弃，他并没有说："要是失败会怎样？"1846年，林肯参加竞选国会议员，这次他终于当选了，但两年任期过去，林肯面临着又一次落选。不过，林肯并没有服输，1854年，他竞选参议员，失败了，两年之后他竞选美国副总统提名，却被对手打败，两年之后他再一次参加竞选，还是失败了。无数的失败并没有让林肯放弃自己的追求，1860年，亚伯拉罕·林肯当选为美国总统。

当我们不幸被看成"蘑菇"的时候，如果只是一味地强调自己是"灵芝"并没有任何作用，对于我们而言，利用环境尽快成长才是最重要的。当自己真的从"蘑菇堆"里脱颖而出的时候，我们的价值就会被人们所认可。虽然，成长经历给我们带来了压力和痛苦，但是，这些难忘的经历却有可能让我们赢得成功。J.K. 罗琳就是最典型的例子，她是一位中年女性，在事业最黯淡的时候，她开始拿笔写作，结果，她写出了享誉世界的《哈里·波特》。

拥有18亿元身价的俞敏洪是新东方教育集团的创始人。经过两次高考落榜后，1980年俞敏洪考入北京大学外语系，在北大读书，俞敏洪不会吹拉弹唱，不会说普通话，他经常得到的就是老师和同学"白眼"。英语老师评价

俞敏洪说：“只能听懂俞敏洪三个字，鹦鹉都不如。”这些刺耳的话语令他刻骨铭心。之后，他一天十几个小时地狂听狂背，创纪录地熟练掌握了 8 万个英语单词。

1984 年俞敏洪留校当了教师，却依然被北大边缘化。六七年之后，为了赚取出国学费，俞敏洪就到校外的民办外语培训机构教课，被北大发现后受到了严肃的通报批评。他愤然辞职开始了新东方创业历程。起初，他租用中关村二小的一个小平房，俞敏洪自己拎着糨糊桶，不得不在零下十几度的冬夜到处张贴招生广告。1995 年，新东方急速膨胀发展起来，拓展了业务领域，完成了向现代公司的转变。到年底时，在校学生数已经达到千人的规模。

据公开资料统计，现在每年有近 1000 万人在接受着新东方的英语培训。2005 年 9 月 7 日，新东方成功登陆纽约证券交易所，发售了 750 万股美国存托凭证，融资额为 1.125 亿美元。新东方成了第一家在海外上市的中国教育培训公司，俞敏洪成了有史以来中国最富有的教师。

俞敏洪的成功是历练的结果。其坎坷不平的人生道路造就了俞敏洪不屈不挠的性格，造就了俞敏洪踏实前行的人生之路。他的经历告诉我们，成功的人生必然要接受艰苦的历练。人生旅途道路曲折，有高也有低，有起也有落，挫折是客观存在的。

成功者正是靠着坚忍不拔的品质，使自己从社会的底层走向成功。生活中，幸运只降临在那些具备坚韧精神，为最终胜利孜孜不倦付出的人身上，而缺乏了这种精神的人，哪怕成功近在咫尺，也只会与成功失之交臂。

努力启示

生命中的每一次挫折，都将是一次成长。有人说，人生是由幸福和痛苦组成的一串珍珠。谁也无法回避四季的风雨冰霜。逆境只能使成功者受到历练，除此不会有任何伤害。要有一种战胜挫折的信心和勇气，锻炼人的品质，磨砺人的意志，激发人的智能，增长人的才干，显露人的本色。

世界让我遍体鳞伤，但伤口长出的却是翅膀

人生的路途上永远不会是一帆风顺的，它总是充满了荆棘和坎坷，等着我们去跨过。如果你在人生的挫折面前选择逃避，那么你就永远错过了成功的机会。每一个年轻人要学会和挫折做朋友，当你把它当朋友的时候，你就会发觉它并没有那么可怕，你就会鼓起勇气去战胜它。最初的人生是一张白纸，而挫折是白纸上的星星点缀，当你已经走完了你的一生，再回过头来，你会发现正是那些挫折才让你登上成功的顶峰，而你的人生也因为挫折而变得十分精彩。

卡耐基的课程受到了广泛的欢迎，也赢得了很高的声誉。但是并不是所有的人都认为卡耐基的课程是有十分有效的，是很实用的，在卡耐基课程不断发展的同时，也遭到了来自一些人的非议和责难。

戴尔·卡耐基在青年会夜校的课程非常紧张，他无心兼顾身外的任何事情，哪怕是路边的一个行人。于是，卡耐基把自己的全部精力投入到夜校里的“卡耐基课堂”，为了使自己的课堂有所创新，让自己的课程形成一个比较清晰的内容体系。他一边自己着手来策划，实在是很忙，所以有一个晚上就停课了。当时那些学生就不满了，闹到青年会的新主任那里。那位中年妇女主任，毫不客气地教育卡耐基：“先生，你必须记着‘你的课程，学生们并不怎么满意。你不能如此懒惰，不要以为你现在能拿到 30 美元一个晚上就很了不起！’明天，我就可以让你永远告别青年会。如果你不能勤奋地工作的话！”

面对这样的警告，卡耐基并没有生气。他只是平静地接受了因自己不上课而学生不满的事实，他自己明白问题出在哪里，明白应该怎么办。后来当他再一次踏进教室开始讲课时，有学生公然指出：“戴尔·卡耐基先生，你说

的一切都与怎样演说无关，我们不需要心理医生，我们只要一位充满机智的教师，而不是像你这样只会胡说八道。”下面的学生也开始吹口哨，拍桌子闹了起来。卡耐基手足无措地站在那里，这时那位妇女主任来了，喝令卡耐基结束了青年会的授课。于是，卡耐基狼狈地离开了青年会，他心里明白除了接受既成事实以外，没有别的办法。可是他不甘心自己所试图创立的事业如此半途夭折。他开始到图书馆查阅一些资料，为自己的课程做些准备，后来他在一位朋友的帮助下重新开始了卡耐基课程。

年轻人，你应该记住：“我们最重要的工作，并非在眺望遥远的、朦胧的事物，而是实行切近的、明确的工作。”或许在我们的日常生活中，也会遭遇一些不同的挫折。这时候，要学会接受已经发生的事实，这是克服任何挫折的第一步，然后再寻找可以解决的办法，让自己从挫折中站立起来。

有的年轻人时常在想，假如有一天我失去工作了怎么办？假如有一天我老了怎么办？假如有一天我失去健康了怎么办？假如有一天孩子不能成才怎么办？有一天所有的亲朋好友都对我不友好怎么办？我们暂且不说那一天是否会到来。需要关注的是，你现在这样的担心只会让你陷入更严重的焦虑中。

努力启示

卡耐基说：“如果只有柠檬，就做杯柠檬汁。”当你第一次尝到柠檬，那一口酸入心脾的味道一沾舌尖，你立即就会呲牙咧嘴忙不迭地吐出来。如果上天给你的是个柠檬，的确是一件让你比较郁闷的事情。如果命运交给你一个酸柠檬，你得想办法把它做成甜的柠檬。柠檬是又苦又酸的，难以下咽，可是如果你把它榨成汁，加上糖，倒进蜂蜜，会变成味道很好的柠檬汁。虽然生命给我们酸苦，但是我们可以让它变得甘甜；虽然世界让我们遍体鳞伤，但伤口长出的却是翅膀。

前路漫漫，勇往直前是唯一的出路

人生之路犹如百流入海一样，不会是一帆风顺、一路坦荡，总是要经历风风雨雨，坎坎坷坷。那些成功的人在面对人生低谷的时候，总是能够心底坦然，不会屈服于挫折，而是勇于做一个承受痛苦、奋斗不息的人，以百折不挠的精神，继续奋力前行。

一位教授在课堂上经常引用著名哲学家苏格拉底的名言：这个世界上有两种人，一种是快乐的猪，一种是痛苦的人。意思就是说这个世界上有许多人，他的人生就希望享受，有一天过一天，今朝有酒今朝醉。但是渴望成功的每一个人都必须做好痛苦的准备，要获得幸福，获得快乐，没有痛苦的思想准备是很难实现的。

约翰·库缇斯是澳大利亚人，他天生严重残疾，骶骨没有正常发育，出生时双腿像青蛙腿般细小。连医生都被他生命最初的这个形态吓住了，医生给了约翰的父亲一个残酷的预言，他最多也活不过一年。可是，35 年后的今天，他仍然自由自在地做他想做的事。约翰·库缇斯用百折不挠的精神创造了生命史上的奇迹。

可是，不难想象，天生的残疾注定了约翰·库缇斯要经受多少磨难，他说他能生存下来的原因就在于敢于面地现实，主动迎击生活。他坚定地说："一个人一旦确定了自己的目标，就要去努力实现它。不要怕失败。1000 次摔倒，可以 1001 次地站起来。摔倒多少次也不要退缩。"

约翰学会了用手走路，摔倒一次又一次后，他又成了一个滑板高手。他还学会了开车并考取了驾照；学会了潜水、游泳，拿到了澳大利亚残疾人网球赛的冠军和全国举重亚军……

他梦想当演说家："我要在 10 年内成为历史上最伟大的演说家。"现在，

世界上至少已有超过350万的观众听过他的演讲。2004年约翰的“中国年”，他在15个省市做巡回演讲。他说：“如果我可以做到，你为什么不能做到？”

1999年，约翰在巡回演讲途中被查出患了癌症。可是约翰不信，他开始阅读关于癌症的资料，并积极配合医生的手术和治疗。果然，奇迹再次发生了，2000年5月，他被正式列入癌症痊愈者行列。

百折不挠，勇往直前是约翰战胜一个个磨难的利器，这种精神是取得成功的基础。没有这种精神，再强悍的人也不能体味到成功的喜悦，而只有羡慕别人的成功，只能慨叹自己命不如人。库雷曾说：“许多年轻人的失败都可以归咎于缺乏百折不挠、永不放弃的战斗精神。”的确，大多数年轻人颇具才华，具备成就事业的种种能力，但他们的致命弱点是缺乏百折不挠精神，往往一遇到微不足道的困难与阻力，就立刻裹足不前，没有韧性，遇硬就回，遇难就退，遇险就逃。因此，终其一生，他们只能从事一些平庸的工作。

薛尔德太太住在密歇根州沙支那城，她以前是靠推销《世界百科全书》之类的书籍生活，后来因为有了自己的家庭便辞去了工作，那时候日子虽然不富足但是也过得很安乐。但是很快，她安逸的生活就陷入了苦难。在1937年，她的丈夫死了，她自己几乎身无分文，这令她非常恐慌。那段时间，她的精神极度颓废、崩溃，甚至差点自杀。后来，她给以前的老板奥罗区先生写信，请求他能让自己做回以前的工作。于是，她四处借钱凑足了分期付款的钱买了一辆旧车，她又重新开始以推销那些书籍为生。

薛尔德太太希望能够通过繁忙的工作来抵消自己的颓废和不安，可是她很快发现不行。毕竟她的丈夫已经不在了，只有她一个人驾车，一个人做饭吃，一个人生活，这所有的一切都令她无法承受。而她的工作也带给自己一些困扰，书卖不出去，业绩不太好，她整天觉得心情很沮丧，对生活也没有什么希望，她甚至绝望得差点自杀。

有一天，她读到了一篇文章，还是那篇文章中的一句话让她活了下来：“对一个聪明人来说，勇往直前是唯一的出路。”这句话令她精神振奋，于是，她把这句话打印出来，贴在汽车前面的挡风玻璃上，为的就是自己开车的时候就能随时看见它。薛尔德太太发现勇往直前也并不难。就这样，她摆脱了孤寂和恐慌，她变得很快乐，工作业绩也上去了。

一个人跌倒并不可怕，可怕的是跌倒之后爬不起来，尤其是在多次跌倒以后失去了继续前进的信心和勇气。不管经历多少不幸和挫折，内心依然要火热、镇定和自信，以屡败屡战和永不放弃的精神去对付挫折和困境。

以顽强的毅力和百折不挠的奋斗精神去迎接生活的挑战，你才能够免遭淘汰。上苍能在无意中夺去你的视力，也可以在不觉中毁掉你的手臂，但只要你能充满信心地与命运进行搏斗，你就能战胜一切困难和障碍。

努力启示

很多人做事都是虎头蛇尾，而且还有看到失败的迹象便立刻退却的倾向。要知道，人可以被打败但不可以被打倒。只要你心中有光，你同样可以一百零一次站起来，把苦涩的微笑留给昨日，用不屈的毅力和信念赢得未来。因为很多时候击败我们的不是别人，而是自己对自己失去信心，熄灭心中的希望之光。

第 6 章

你要相信，越努力越幸运

九把刀在书里写道：“有些梦想，纵使永远也没办法实现，纵使光是连说出来都很奢侈，但如果没有说出来温暖自己一下，就无法获得前进的动力。”努力之后有回报吗？如果努力之后没有回报怎么办呢？诚然，努力就是努力的回报，即便觉得累，但当看到自己作品的时候，那内心的兴奋和激动是根本无法言表的，这就是回报吧。

世界从来不公平，努力是唯一出路

比尔·盖茨说："社会是不公平的，我们要试着接受它。"在这个世界没有绝对的公平，假如真的绝对公平了，反而会是另外一种不公平。一个人从呱呱坠地出生，就有很多的不公平，有可能是出生背景不同、家庭关系不同、受教育程度不同，这些对我们而言都是一种不公平。如何来缩小与他人之间的距离？唯有努力才是出路。每天我们为了生存，不得不努力地挣扎着，以争取属于自己的那片天地。但在很多时候，我们努力了，却没有得到期望的结果。这时不要较真，不要哭泣，也不要怨天尤人，我们需要平静地面对这个世界，因为在这个世界没有绝对的公平，只有努力才是唯一的出路。

大约在五十年前，一位小女孩诞生在田纳西州那士维市郊。她的健康有严重的缺陷，使她不能像一般人一样走路。虽然她有一个温馨的基督教大家庭，可是，当兄弟姊妹在外头享受奔跑和玩耍的乐趣时，她却必须被支架所限制。父母亲定期带她到那士维接受物理治疗，但那小女孩痊愈的希望仍甚渺茫。"我可能像其他小孩一样，跑步和玩耍吗？"她问父母。

"亲爱的，你只要相信，"他们回答，"你若相信，神就能叫这事发生。"

她把父母的话放在心中，相信神能使她不必靠支架走路。她常瞒着父母和医生，靠兄弟姊妹的帮助，练习解开支架走路。在12岁生日那天，她当着父母的面解下支架，不靠别人搀扶，自己在医生的办公室周围绕行。父母看到她这样惊人的变化，感到非常意外，医生简直不能相信她的进步。她从此不必戴着支架了。

她的下一个目标是打篮球。她继续运用信心和勇气——和她未曾发育的双腿——去参加学校篮球队。教练挑了她的妹妹入队，却拒绝了那勇敢的女孩。她的父亲告诉教练："我的女儿们是一对。你若要其中一个，另一个也要接受。"教练只好勉强让她加入。于是她得到一件制服，被允许跟其他队员一起练习。

有一天她去找教练。"你若每天多给我十分钟训练，我就给你一个世界级的选手。"教练笑了，但他知道这小女孩是认真的。他勉强同意多给她一点时间，跟她的一名好朋友与两个男生进行二对二的比赛。不久，她的努力便获得了成果。她表现出了不起的运动技巧和勇气。很快的，她成为队上最优秀的球员。

学校的球队打进了洲际锦标赛。比赛中的一位裁判留意到她超群的技巧，问她有没有尝试赛跑。那位裁判正是国际知名的拜耳老虎田径俱乐部的教练。他极力鼓励她试试赛跑。于是当篮球季节过去，小女孩开始练习跑步。她赢得了一些比赛，在洲际大赛中也得到了名次。

16 岁那年，她成为全国最佳的年轻选手，被选派参加在澳洲举行的奥林匹克运动会，跑 400 米接力赛的最后一棒，赢得了铜牌。她对这样的成就并不满意，于是再接再厉，四年后再次参加 1960 年的罗马奥运会。那一次，维玛·鲁道夫（Wilmna Rudolph）赢得 100 米短跑，200 米短跑，又在 400 米接力赛中的最后一棒中夺标，为全队赢得胜利。当年她更锦上添花，被选为全美最佳业余运动员，获得极高荣誉的苏利文奖。风雨之后，维玛的信心和努力得到了收获，她相信世界从来都是不公平的，但努力会是前方唯一的路。

人的成长是一个漫长的较量，能否取得最后的胜利，不在于一时的快慢，如果你能够在自己成长的道路上静下心来，遇到困难不气馁，不灰心，矢志不移地前进，那么最终你必将获得最后的胜利。

努力启示

面对世界的不公平，任何的抱怨以及堕落只会成为你失败的烂借口，唯有努力和坚持才是抵达梦想的基石。世上没有什么东西能够代替努力，才华不能代替它，那些有才华的人不能成功的实例太常见了；天赋不能代替它，

“没有回报的天赋”都快成一个俗语了；接受教育也不能代替它，世界上到处都是接受过教育而不得志的人，只有努力才是唯一的出路。

我平凡，愿用时间换天分

许多年轻人觉得自己很平凡，能力很普通，先天条件的欠缺导致他们对自己丧失了信心，在他们看来，不管自己如何努力，最终都只会成为一个平庸的人。既然抱着这样的想法，他们就已经不想去努力，浑浑噩噩地生活着，甚至有的人选择了自甘堕落的生活。然而，年轻人浑然忘记了成功的路从来不是一帆风顺，许多人也曾迷茫过，也曾不知道未来究竟在哪里。但是，他们却以自己成功的经历告诉我们：相信梦想，梦想自然会回馈于你，努力比任何东西都来得真实，用坚韧换机遇，用时间换天分，哪怕走得很慢，但终会抵达。

有一个孩子想不明白自己的同桌为什么每次都能考第一，而自己每次却只能排在他的后面。

回家后他问道：“妈妈，我是不是比别人笨？我觉得我和他一样听老师的话，一样认真地做作业，可是，为什么我总落在他后面？”妈妈听了儿子的话，感觉到儿子开始有自尊心了，而这种自尊心正在被学校的排名伤害着。她望着儿子，没有回答，因为她不知道该怎么样回答。又一次考试后，孩子考了第20名，而他的同桌还是第一名。回家后，儿子又问了同样的问题。她真想说，人的智力确实有高低之分，考第一的人，脑子就是比一般人的灵。然而这样的回答，难道是孩子真想知道的答案吗？她庆幸自己没说出口。

应该怎样回答儿子的问题呢？有几次，她真想重复那几句被上万个父母重复了上万次的话——你太贪玩了；你在学习上还不够勤奋；和别人比起来还不够努力……以此来搪塞儿子。然而，像她儿子这样脑袋不够聪明、在班上成绩不甚突出的孩子，平时活得还不够辛苦吗？所以她没有那么做，她想为儿子的问题找到一个完美的答案。

儿子小学毕业了，虽然他比过去更加刻苦，但依然没赶上他的同桌，不过与过去相比，他的成绩一直在提高：为了对儿子的进步表示赞赏，她带他去看了一次大海。就是这次旅行中这位母亲回答了儿子的问题。

母亲和儿子坐在沙滩上，她指着海面对儿子说："你看那些在海边争食的鸟儿，当海浪打来的时候，小灰雀总能迅速地飞起，他们拍打两三下翅膀就升入了天空；而海鸥总显得非常笨拙，它们从沙滩飞向天空总要很长时间，然而，真正能飞跃大洋的还是它们。"

"海鸥总显得非常笨拙，它们从沙滩飞向天空总要很长时间，然而，真正能飞跃大洋的还是它们。"平凡又怎样，不起眼又怎样，只要你努力，一样可以飞过大洋。当我们在讨论这个问题的时候，年轻人应该反思的是自己是否努力过，如果你连努力都不曾有，又何必抱怨这个社会太现实呢？

我们都听过龟兔赛跑的故事，兔子机灵，跑得快，它以为自己胜券在握，所以安心地睡起了大觉。谁知道看起来慢吞吞的乌龟，却以自己百倍的努力以及坚持不懈的精神最先达到了终点。谁能笑到最后，还真是不一定。

大学毕业后，威廉的求职战役正式打响了，他向知名企业投递了大概20多份简历。那真是一段不堪回首的岁月，他天天跑招聘会，但自己的努力却看不见任何回应，那些投递出去的简历石沉大海杳无音讯。好不容易有一家公司通知面试，但在找工作的路途上依然是曲折坎坷。

威廉在笔试上失意过，在群面时因插不上话而被刷掉，和许多求职的年轻人一样，他曾经历过低谷期，但他始终努力着。

威廉说："天赋决定了一个人的上限，努力则决定了一个人的下限。"许多年轻人根本没有努力到可以拼搏，就已经放弃了，威廉深知自己没有一步登天的天赋，所以只能用努力的时间来换取天分。

当然，最后威廉如愿找到了一份好工作，但这与他平时的努力是分不开的。

成功恰巧就是运气撞到了努力而已，努力永远不会有错，即便现在无法感受到努力的回报，但未来的一天你总会有用。选择自己喜欢的事情，然后努力到坚持不下去为止，相信梦想，更要相信努力，因为遗憾比失败更可怕。当年轻人在追逐梦想的时候，这个世界总会制造许多挫折与困难来阻挡你，残酷的现实会捆住你的手脚，但其实这些都不重要，重要的是你是否有努力到底的决心。

努力启示

平庸并不可怕，可怕的是永远平庸。既然上帝没有给予天赋，那我们就用后天的努力来弥补。越努力越幸运，如果你觉得自己平凡，那就用努力换天分。当然，在这个过程中，我们要始终相信努力奋斗的意义，让未来的你，感谢现在拼命努力的自己。坚持不懈可以让你在失去动力的时候帮助你继续你的行动，这样可以保持结果渐渐好转。坚持不懈最终会产生它的动机。仅需你保持你的努力，你最终就会得到回报，这个回报可以为你带来强大的动力。

我的努力，可以缔造生命的辉煌

在生活中，所谓的强者是什么？真正的强者不是凭借着各种资源努力向上爬的人，而是缔造自己命运辉煌的人，他们虽然遭遇了生活的不公平待遇，但依然可以冲破重重阻碍，最终采摘成功的果实。从我们来到这个世界上，上天就给予了我们不同的礼物，有的人太幸运，他得到的是一个完美无缺的洋娃娃，而有的人则运气不怎么好，他所得到的是一个修补过的洋娃娃。对此，不管我们是属于前者，还是后者，只要我们相信自己，那即便自己所拥有的只不过是一个修补过的洋娃娃，也一样能缔造出命运的辉煌。

杰克·韦尔奇出生在一个典型的美国中产阶级家庭，父亲在铁路公司工作，每天早出晚归，因而，培养孩子的任务就落在了母亲的身上。与其他母亲不太一样，她对韦尔奇的关心更注重在提升他的能力和意志上。母亲是一位十分权威的人，她总是让韦尔奇觉得自己什么都能干，教会韦尔奇独立学习。每当韦尔奇的行为有所不妥，母亲总是以正面而有建设性的意见唤醒他，促使韦尔奇重新振作，母亲虽然话不是很多，但总令韦尔奇心服口服。

母亲一直保持着这样的理念：坦率的沟通、面对现实、主宰自己的命运。她将这三门功课教给了韦尔奇，使得韦尔奇终生受益。母亲告诉韦尔奇："要掌握自己的命运就必须树立相信自己能缔造出命运的辉煌。"韦尔奇到了成年以后还是略带口吃，但是母亲安慰韦尔奇："这算不了什么缺陷，只不过思维比开口快了一些。"正是母亲给予的这份自信，让口吃不再成为阻碍韦尔奇发展的绊脚石，而且成为了韦尔奇骄傲的标志。美国全国广播公司新闻部总裁迈克尔对韦尔奇十分钦佩，甚至开玩笑说："他真有力量，真有效率，我恨不得自己也口吃。"

韦尔奇的中学成绩应该可以进美国最好的大学，但是，由于种种原因，他最后只进了麻州大学。刚开始，韦尔奇感到十分沮丧，但进入大学以后，他的沮丧变成了幸运。他后来回忆这段经历，这样说道："如果当时我选择了麻省理工大学，那我就会被昔日的伙伴们打压，永远没有出头的一天，然而，这所较小的州立大学，让我获得了许多自信，我非常相信一个人所经历的一切，都是成功的基石，包括母亲的支持，运动，上学，取得学位，虽然我天生口吃，但我相信我一样可以缔造出自己辉煌的命运。"韦尔奇的大学班主任威廉这样评价他："他总是表现得很自信，他痛恨失败，即使在足球比赛中也一样。"1981 年，韦尔奇成为了通用历史上最年轻的 CEO，他是通用电气公司董事长。而自信成为了通用电气的核心价值观之一，韦尔奇这样说："我相信命运的辉煌可以靠自己的努力来创造。"

戴高乐将军曾说：“眼睛所看到的地方，就是你会到达的地方，唯有伟大的人才能成就伟大的事，他们之所以伟大，就是因为他们决心要做出伟大的事。”生活中，像韦尔奇一样有口吃毛病的人很多，但像他一样成功的人却很少，为什么呢？因为大多数的口吃者都在为上天的不公平而抱怨，他们浑然忘记了，即便自己是一位口吃者，但命运的辉煌完全是可以靠自己创造的，除了口吃，自己与其他人并无区别。

努力启示

我们的命运都掌握在自己手中，如果我们想让命运绽放出如烟花般灿烂的辉煌，那完全在于我们自己的努力，而不在于上天的恩赐。假如我们较真，那就较真自己是否努力过，是否拼搏过，只有真正地努力、拼搏之后，我们才能缔造出自己命运的辉煌。

不要以为机会会第二次敲门

培根说：“智者创造的机会比他得到的机会要多。”“抓住机遇”这句口号在日常的生活中经常能够听到，有人说：“机遇青睐有准备的人。它不相信眼泪，它与怯弱、懒惰无缘。”也有人说：“机遇稍纵即逝，目光敏锐、勇敢果决者常常能获得它。”其实，机遇对任何人都是平等的，能不能抓住它，主动权在自己手里。机遇在人的一生中扮演着重要的角色。机遇无处不在。抱怨没有机会的人，实际上是不善于识别机会和发现机遇，他们总是在仰望远处的高山，却忽视了脚下的矿石。

很多年前，美国穿越大西洋底的一根电报电缆线因破损需要更换，这则小消息平静地传播在人们之间。但是一位不起眼的珠宝店老板却没有等闲视之，毅然买下了这根报废的电缆。

没有人知道小老板的意图，认为他一定是疯了，异样的目光惊诧地围绕着他。小老板关起店门，将那根电缆洗净、弄直，剪成一小段一小段的，然后装饰起来，作为纪念物出售。

大西洋底的电缆纪念物，还有比这更有价值的纪念品吗？这样他轻松地发迹了，他又买下欧仁皇后的一枚钻石，淡黄色的钻石闪烁着稀世的光彩。人们不禁要问：他是自己珍藏还是抬出更高的价位转手？他不慌不忙地筹备了一个首饰展示会，观众当然是冲着皇后的钻石而来。

可想而知，梦想一睹皇后钻石风采的参观者会怎样蜂拥着从世界各地接踵而至。他几乎坐享其成，毫不费力就赚了大笔的钱财。他就是美国赫赫有名、享有“钻石之王”美誉的查尔斯·刘易斯，一个磨坊主的儿子。

目光敏锐，头脑灵活的人，总能在机会的身影还若隐若现时，就做出自己的判断，并大胆地行动。查尔斯·刘易斯的成功，正是如此。他判定一根报废的电缆中蕴含着一个巨大的商机，把这次机遇当作自己事业腾飞的平台，乘着机遇的东风冲天而起，在商海大展身手。

年轻人，不要总是抱怨没有好的机会降临在你身上，成功的机会无处不在，关键在于你是否能紧紧地抓住。聪明的年轻人能从一件小事中得到大启示，有所感悟，化成成功的机会；而愚笨的人即使机会放在他面前也不知。

在生活中，我们不要被环境变化的表面现象所迷惑，只要认识到环境的变化会带来机会，细心观察市场动向，认真思考环境变化对经济发展的巨大影响，你就会找到成功的机会。

1865年，美国南北战争宣告结束。但由于总统林肯被刺身亡，美国人民沉浸在欢乐与悲痛之中。这时，在铁路部门工作的卡内基意识到：战争结束后，经济必然复苏，经济建设必然需要大量的钢铁。因此，他义无反顾地辞去了报酬优厚的工作，主持组建了联合制铁公司。当美国打败墨西哥之后，便决定在加利福尼亚州修建一条铁路。

随后，又批准修建另外三条横贯美洲大陆的铁路线。其实并非只有这几

条铁路线，各地纷纷申请建设铁路，规模达到了数十条，而这一切都需要大量钢铁的支持。因此，卡内基在联合制铁厂里矗立起一座当时世界最大的熔炉，并聘请化学专家到厂中检验买来的矿石和焦炭的品质，从而达到了产品、零件及原材料的检测系统化。随后，卡内基大力整顿经营方式，使各层次的职责分明，生产力水平大为提高。

但是，经济的迅猛增长势必会有缓冲或回落的时段，卡内基根据社会发展状况，预料到了那一天的来临。因此，他事先买下了英国道兹工程师“兄弟钢铁制造”专利和“焦炭洗涤还原法”的专利。当1873年的经济大萧条来临之际，银行倒闭，证券交易所关门，铁路工程支付款被迫中断，一切生产都好像戛然而止，许多公司在经济大萧条中倒闭，而卡内基凭借事先买到的专利，公司依然正常运营……

在经济萧条的年代，大多数人看到的只是眼前一派衰败的社会现实，很少有人从社会的大发展方面看待事情，因此与千载难逢的好机会失之交臂。卡内基没有随大流，他从社会的不断变化中认识到，什么事都会有高潮和低谷，低谷过后，经济又会得到快速回升和发展。因此，他又向钢铁制造方面追加了投资。

经济大萧条很快就过去了，经济再次得到快速发展。当其他公司开始正常生产的时候，卡内基已经抓住了主动权，公司生产的钢材和钢轨等在同等货源短缺的情况下被大量订购，他从中赚到了高额的利润。经过十几年的经营，他开始拥有垄断钢铁产业的实力，被人们誉为“钢铁大王”。

努力启示

世界无时无刻不在发生着变化，而机会也就藏身于变化之中。社会发展是大环境，身边事物的变化是小环境，只要你能认识到环境的变化会产生出许多成功的机会，并细心地观察寻找，你就会发现能够改变一生的机会。

我那么努力，是为了让才华赶上野心

美国历史上最伟大的总统罗斯福，从小就患有小儿麻痹症。像这样一个人，他通过比常人更加艰苦努力的奋斗，在美国获得广泛的人心与支持，成为美国历史上唯一一位连任四任的总统，四次实现了孩提时的野心！有梦想，就应该有野心。伟大的人物在野心的催促下成就其伟大，对于普通人来说，野心的力量又如何呢?

美国的大富豪洛克菲勒给儿子约翰的信中说：

老实说，我是一个野心家，从小我就想成为巨富。对我来说，我受雇的休伊特·塔特尔公司是一个锻炼我的能力，让我一试身手的好地方。它代理各种商品销售，拥有一座铁矿，还经营着两项让它赖以生存的技术，那就是给美国经济带来革命性变化的铁路与电报。它把我带进了妙趣横生、广阔绚烂的商业世界，让我学会了尊重数字与事实，让我看到了运输业的威力，更培养了我作为商人应具备的能力与素养。所有的这些都在我以后的经商中发挥了极大效能。我可以说，没有在休伊特·塔特尔公司的历练，在事业上我或许要走很多弯路。

据一项调查报告显示，野心，在成功人士身上得到了淋漓尽致的体现！成功者的一个共同的特点，就是都有着自命不凡的心态和野心！“世界最优秀的人才是我们！”“我能成为世界上最大、最好的公司的 CEO！”这种野心，成为其宝贵财富。

人类拥有巨大的潜能，而这种潜能的激发，在很多时候都来自一种强烈的追求，来自野心的刺激。亲爱的朋友，我们不可能都到哈佛受到良好的教育，但我们却能有和哈佛毕业生一样的自命不凡的心态和野心！对于一个野心家来说，他具有超越常人的忍耐力和拼搏的精神，也正因为此，他们才更

容易做最好的自己。

在美国，有一群贫穷孩子，他们从未离开过自己生活的小镇。但他们为这样的梦想而激动——“我们要周游世界！”

这些靠救济生活的孩子打算通过在报上刊登募捐广告来筹集旅费。但是，高达1.2万美元的广告费从何而来？沉浸在梦想中的孩子们，为实现自己的愿望，开始寻找所有力所能及的杂活，比如洗车、卖报、卖花，一美分一美分地为实现梦想而挣钱。

媒体报道了孩子们的壮举，篮球名将迈克尔·乔丹为之深深感动，以圣诞老人的名义给孩子们寄来了一张1.2万美元的支票，孩子们精心设计的广告终于刊登出去了，结果他们收到了来自世界各地8000多封信，并且每天都有好心的捐款人。而让整个小镇沸腾的是总统亲自来信，邀请孩子们去白宫做客！

毫无疑问，这是一个关于梦想的真实故事，也是一个关于野心的故事。对于普通人来说，如果你终生没有野心，可能会活得平安、平淡，但绝不会感受到较大的成功的喜悦和幸福，更感觉不到生活的价值。

美国《时代》杂志加拿大版刊文提到，美国加利福尼亚大学的心理学家迪安·斯曼特研究发现，“野心”是人类行为的推动力，人类通过拥有“野心”，可以有力量攫取更多的资源。“树立了志向后，如果有野心，不管别人说什么都会忍耐，在忍耐中不断磨炼人格，就能成为人人羡慕的人。”这是井上笃夫在《飞得更高——孙正义传》一书中的一句话。

野心，造就出许多伟大的人！出身贫寒的克林顿，17岁目睹了美国总统肯尼迪的风采。当总统肯尼迪握住这位阿肯色州小男孩双手的时候，他有了一个野心，他要成为美国总统！20年后，野心变成了现实！

努力启示

当野心与坚持、努力为伍，以踏实、上进为伴时，这样的一个人，怎么能不成就大业呢？有了梦想、有了野心的年轻人，他们深切地感受到，在切切实实地为目标拼搏、奋斗的过程中，自己迈步的幅度逐渐加大，速率逐渐提升，在努力的过程中，慢慢地实现由平凡到优秀的蜕变。

天才，无非是长久的忍耐

福楼拜说：“天才，无非是长久的忍耐。”我们以为天才就是光鲜亮丽地站在成功的金字塔上，却无法想象其背后的忍耐和艰辛。生活中那些看似刁难你、折磨你的人，往往能够造就你使你能更快取得成功；看似折磨、煎熬你的环境，却总能历练出最后的强者。因此，在困境中，要懂得忍耐，持续努力下去。对于年轻人来说，如果你不愿让命运来主宰你的一切，但又没有扼住命运咽喉的本领时，切记，应当学会忍耐，注重积累。

谚语云：“万事皆因忙中错，好人半自苦中来。”吃得苦中苦，方为人上人。要成就一件事情，须观察时机，等待因缘，急不得的。受苦忍耐是一种承担、一种处理、一种等候，也是对因缘法的认识。许多事业有成者都在忍耐多次失败后，越挫越勇，最后取得成功。

内托今年刚从学校毕业，在一场招聘会上，他很走运地被一家石油公司看中。随即被总公司分配到一个海上油田工作。

工作的第一天，工头便要求他，要在限定时间内登上几十米高的钻井架，并将一个包装好的漂亮盒子，送到最顶层的主管手中。他拿着盒子，迅速登上又高又窄的舷梯。当他气喘吁吁地登上顶层后，只见主管在盒子上签了自己的名字，又让他送回去给工头。他一接到命令，连忙又快速地跑下舷梯，并把盒子交给工头。但是，没想到工头草草签完名字之后，又原封不动地交给他，要求他再送回去给顶层的主管。年轻人看了看工头，却又不知道要如何发问，只得乖乖地跑上顶层。然而，主管这回同样只在盒子上签名而已，便又要他送回去。

年轻人就这样来来回回，莫名其妙地上下跑了两次，心里隐约感觉到，这一切似乎是主管与工头故意刁难他。直到第三次，这个全身都被海水溅湿的年轻人，内心已经充满熊熊怒火，不过他仍然强忍着怒气。当他第三次将盒子送来给主管时，主管这回则说："把它打开。"年轻人将盒子拆开后，里头居然是一罐咖啡与一罐奶精，这会儿他更可以确定，这是主管与工头联合起来欺负他。他愤怒地看着主管，但是主管仿佛一点也没感觉似的，接着又对他说："去冲杯咖啡吧！"这个命令一下，年轻人再也忍不住了，用力把盒子一摔，气愤地说："我不干了！"说完之后，他感觉痛快许多，因为一肚子的怒火全部发泄出来了！但是，主管却失望地摇了摇头，并对他说："孩子，你知道刚刚这一切，其实是一种训练啊！那叫作承受极限的训练，因为我们每天都在海上作业，随时都可能会遇到危险，因此，工作人员都必须要有极强的承受力，才有法子完成海上的作业与任务。"

主管叹了口气说："唉！原本你前面三次都通过了，就差那么一点点，你无缘喝到自己冲泡的好咖啡，真是可惜！现在，你可以走了。"

俗话说：忍字头上一把刀。这把刀让你痛，也会让你痛定思痛。这把刀，可以磨平你的锐气，但也可以雕琢出你的勇气。百忍成钢，当你的心性修炼的有如镜子般明彻、流水般圆韧时；当你切切实实生活在不以物喜，不以己悲的宁静中时；当你发觉胸中不断流动着"虽千万人而吾往矣"般的勇气时，历经千锤百炼，你的刀也就炼成了。忍耐并非懦弱，只因你看得更远，有更大的追求。

年轻人幻想一夕有成，不如在艰难困苦当中忍耐，一旦时机成熟，必然水到渠成。宋人苏轼在《留侯论》中说："古之所谓豪杰之士者，必有过人之节，人情有所不能忍者。匹夫见辱，拔剑而起，挺身而斗，此不足为勇也。天下有大勇者，卒然临之而不惊，无故加之而不怒，此其有所挟持者甚大，而其志甚远也。"

新东方总裁俞敏洪在他的博客里讲过一个关于捡砖头的故事。俞敏洪的父亲是个木工，常帮别人建房子，每次建完房子，他都会把别人废弃不要的碎砖瓦捡回来，有时候父亲在路上走，看见路边有砖头或石块，他也会捡起来放在篮子里带回家。

时间长了，家里的院子就多出了一个砖头碎瓦堆。直到有一天，俞敏洪的父亲在院子一角的小空地上开始左右测量，开沟挖槽，和泥砌墙，用那堆乱砖左拼右凑，建成了一个让全村人都羡慕的院子和猪舍。

当时俞敏洪只觉得父亲一个人就盖了一间房子，很了不起。长大后，俞敏洪才从一块砖头到一堆砖头，最后变成一间小房子中体悟到做成一件事情的全部奥秘。

“一块砖没有什么用，一堆砖也没有什么用，如果你心中没有一个造房子的梦想，拥有天下所有的砖头也是一堆废物；但如果只有造房子的梦想，而没有砖头，梦想也没法实现。”家里穷得揭不开锅的时候，要不急不躁，学会忍耐，继续努力，要积攒足够的砖头来造心中的房子，捡砖头的精神后来就成为俞敏洪做事的指导思想。

罗曼·罗丹曾说：“只有把抱怨别人和环境的心情，化为上进的力量才是成功的保证。”经受别人的考验、提升自身的张力，你才会在人头攒动的人海中脱颖而出。或许你仍在向往一帆风顺，可是面对现实的曲折的人生，所谓的一帆风顺只能是心灵的一种慰藉。坚信唯有奋斗不息才能够成为命运的主人，而在这一步步的努力中，你必须学会忍耐。

努力启示

忍耐不是逆来顺受，不是消极颓废，也不是在沉默中悄然降下信念的帆。忍耐是当一根火柴燃烧到一半的时候，接受另一半炙热的煎熬。学会忍耐，挺起坚强的脊梁，用快乐和潇洒清扫尘灰般的意志，人生不论是低迷抑或是高涨，你的人生都将因努力而变得壮美如画。

第7章 每一个优秀的人，都有一段沉默的时光

李敖说："一个人，只有当他能忍受孤独，才有可能取得成功。"换而言之，一个优秀的人，一个有上进心的人必须具备学会一个人孤独和一个人忍受寂寞的能力。在这个过程中，年轻人必须忍受寂寞，必须精神独立，拥有自己的信念和梦想，沉默一段时光，直到成功。

努力，你必须承受得住寂寞

努力，往往是一些细小的事情为成功打下基础。那些细小琐碎的事情充满了单调、乏味和寂寞。当然，事情并无大事、小事之分，不管我们如何努力，总要把事情做完。年轻人在平凡的生活中，凡事力求高效、完美，体现服务和奉献精神，才能在众人中脱颖而出。年轻人，应该保持正确的心态，培养承受寂寞的能力。

努力的路充满了艰苦，而这条路永远都不会一帆风顺。不管是坎坷、无奈，还是寂寞和孤独，都常常伴随在努力者身边。在努力的过程中，当寂寞成为一种内心感受，成为生活的常态，成功看似很遥远，实际上它已经慢慢到来。在努力的路途中，能忍受寂寞，就是在守候成功。

刘若英在成名之前，她也只是一个普通的女孩，一个有梦想的女孩。她的梦想就是站在舞台上唱歌，但是，她样子很普通，不过这并不能成为阻碍她追求梦想的理由。尽管信心满满，但她依然遭受了打击，在一名著名音乐人的制作室里，她听到的却是这样的话："你的嗓音和你的相貌一样不漂亮，我看你难以在歌坛里有所发展。"听了这样的话，她感到很伤心，但并不绝望。

她默默地留了下来，即便梦想很遥远，成功很遥远，但她希望能为自己的梦想努力，默默地努力。在公司，她什么杂活都干，端茶、倒水，制作演出时间表，帮其他歌手拿演出服装……身边的人感到不理解，她却笑着说："我默默地守着，因为这是离我梦想最近的地方。"

终于有一天，刘若英可以微笑地站在舞台上，用并不惊艳但非常温暖的嗓音感动着全世界的人。

努力从来都是伴随着痛苦和寂寞，寂寞就是努力路途上所必须承受的。

年轻人，谁又没有遭受过寂寞，谁又没想过摆脱寂寞呢？一旦决定了努力，就需要做好承受寂寞的准备。至少在成功之前，就必须努力，一个人匍匐前行，没有鲜花，没有掌声，没有赞美，甚至还受到了一些嘲笑和打击，几乎没有人来关注你这个默默的人。在成功到来之前，为梦想努力的人不仅过着寂寞的生活，而且还要继续努力。有的人难耐寂寞，在路途中就选择了放弃；有的人却将寂寞当成了储蓄，一天天的寂寞汇聚成更丰富的财富，永存在自己的人生中。

著名导演李安在成名之前，大约有六年的时间待在家里做家务。在这六年时间里，他每天除了做家务就是看书、看影片、看剧本。他努力着，忍受着寂寞的侵蚀，在寂寞中学习、积累、成长，终于成为令世界瞩目的大导演，成为华人的骄傲。如果他忍受不了寂寞，放弃自己的追求，那他就不会有今天的辉煌成就。

一位美国心理学家曾做过这样一个实验：

他给一些 4 岁的小孩子每人一颗十分好吃的软糖，同时告诉孩子们可以吃糖，如果马上吃，只能吃这一颗；如果等 20 分钟，则能够吃两颗糖。面对糖果的诱惑，有的孩子急不可待，马上把糖吃掉了；另外一些孩子却选择等待漫长的 20 分钟。为了忍受住煎熬，选择等待的孩子们闭上眼睛不看糖，或头枕双臂、自言自语、唱歌，有的甚至开始睡觉。当然，最后他们都吃到了两颗糖果。

心理学家对这个实验进行了跟踪，一直持续下去。那些选择等待吃到两颗糖果的孩子，到了青少年时期依然喜欢等待，不着急。而那些迫不及待吃了一颗糖果的孩子，他们在青少年时期容易出现犹豫不决、压抑的个性。

当这些孩子到了中学的时候，又表现出某些明显的差别。经过调查表明，那些在 4 岁就懂得忍耐而吃到两颗糖果的孩子，他们适应性比较强，具有较强的冒险精神，比较受人喜欢。而那些在 4 岁就不愿意忍耐而只吃到一颗糖果的孩子，性格大多比较孤僻、容易受挫折，他们往往屈从于压力而逃避现实。

十几年之后，那些为了获得更多糖果而忍受煎熬的孩子比那些缺乏耐心

的孩子更容易获得成功，他们的学习成绩也相对好很多。在后来的十几年的跟踪观察中，有耐心的孩子在事业上的表现也非常出色。

寂寞是年轻人一生中不可缺少的组成部分，伴随着成长，寂寞一步步进入人们的心里，一天天增强扩散。人只有在努力中煎熬，才会慢慢成熟，眼前也才会出现一道道别样的风景。“古来圣贤皆寂寞，唯有饮者留其名。”唐朝著名诗人李白就是一个懂得享受寂寞的人，他自诩孤独的行者，自饮自乐，自歌自舞，承受寂寞，才成就了他“诗仙”的美誉。

在努力过程中，学会寂寞就是在拒绝诱惑。当对梦想的渴望更强烈，对成功的目标更坚定，承受住寂寞，那就是走向成功。过早地妥协，只会让自己离成功越来越远。年轻人，要么为了不寂寞而甘于平庸，要么为了成功而甘于寂寞，人生就是这样，总是带着缺憾的美。没有谁的人生是完美的，为了成功先学会承受寂寞吧！

沉下心来，才飞得更高

卢梭曾说：“节制和劳动是人类的两个真正医生。”即使每个年轻人都是块好铁，总得锻炼锻炼才能成钢，就是在你为生存而付出的劳动里，锻炼了一切与理想相关的东西，比如自信、尊严、才识和能力。沉重是生活的一部分，我们享受生活的欢乐，也要接纳生活的沉重，因为生命中有一些责任是你必须要承担的，你必须负重前行，脚步才不会太飘忽。一个人要想有所作为，首先要从清理思想、改变观念开始。如果本是穷人、新人还要“穷摆谱”，那么机会是不会主动光顾他的。而能沉下心来的人，他的思考富有高度的弹性，不会有刻板的观念，而能吸收各种信息，形成一个庞大而多样的信息库，这将是他的本钱。

这一年，玛丽从大学毕业，她决定在纽约扎根并做出一番事业来。她的专业是建筑设计，本来毕业时是和一家著名的建筑设计院签了工作意向的，但由于那家设计院在外地，玛丽未经考虑就决定不去。如果去了，她会受到系统的专业训练和锻炼，并将一直沿着建筑设计的路子走下去。可是一想到会几十年在一个不变的环境里工作，或许永远没有出头之日，这点让玛丽彻底断了去那里工作的念头。

玛丽在纽约找了几家建筑公司，大公司不要没有经验的刚出校门的学生，小公司玛丽又看不上，无奈只好转行，到一家贸易公司做市场。一段时间后，由于业绩得不到提高，身心疲惫的玛丽对工作产生了厌倦情绪。但心高气傲的她觉得如果自己单干肯定会更好，于是她联系了几个朋友一起做建材生意。本以为自己是“专业人士”，做建材生意有优势，可是建筑设计与建材销售毕竟是两码事。不到一年，生意亏本了，朋友们也因利益关系闹得不欢而散。

无奈之下的玛丽只好再换工作，挣钱还债。由于对工作环境不满意，几年下来，她又先后换了几次工作，玛丽对前途彻底失去了信心。现在专业知识已忘得差不多了，由于没有实践经验，再想做几乎是不可能了。玛丽虽然工作经验丰富，跨了好几个行业，可是没有一段经历能称得上成功……现实的残酷使玛丽陷入很尴尬的境地，这是她当初无论如何也没想到的。

“这山望着那山高”的想法切不可有，如果你忽略了理想必须扎根在现实的土壤上的话，结果只能被理想和现实同时抛弃。学会沉下心来，因为你在人生的过程中会看到许多山峰，但你不可能翻越每一座山峰，得到所有美好的东西。命运对任何人都是公平的，当你为没有得到而苦恼时，还是仔细想一下自己将会失去什么吧！

20 世纪 70 年代初，美国麦当劳总公司看好台湾市场，准备正式进军台湾岛。他们需要在当地先培训一批高级管理人员，于是公开招考甄选。因为要求的标准颇高，很多有志的青年企业家都未通过。

终于，经过一再挑选，一位叫韩定国的公司经理脱颖而出。轮到最后一轮面试，麦当劳总裁与韩定国夫妇谈了三次，而且问了他一个出人意料的问题："如果我们要你去洗厕所，你会愿意吗？"

当时，韩定国在企业界已经小有名气，要他洗厕所，岂不太侮辱人了吗？他还在深思时，一旁的韩太太幽默地回答："我们家的厕所一向都是他洗的！"

麦当劳总裁一听非常高兴，当场拍板录取了韩定国。麦当劳总裁认为一个成功的企业家不仅要能干大事，而且小事也应干得很利索。

韩定国后来才知道，麦当劳训练员工的第一课题就是从洗厕所开始，因为服务业的基本理念是"非以役人，乃役于人"，只有先从卑微的工作开始做起，才有可能了解"以客为尊"的道理。

洗厕所的工作只是麦当劳正常的员工培训内容之一，不分种族肤色，在世界范围内通行。中国的大男人韩定国一开始却难以接受，那是把它严重化了，上升到"侮辱"的境地。这大可不必，做些清洁善后工作也是应尽的责任，一个人的层次，并不是由做不做这些小事来界定的。

许多年轻人在步入社会的初期都拥有远大的抱负，一心只想一鸣惊人，而不去做埋头耕耘的工作。等到忽然有一天，他看见比他起步晚的，比他天资差的，都已经有了可观的收获，他才惊觉到自己这片园地上还是一无所有。他这才明白，不是上天没有给他理想或志愿，而是他一心只等待丰收，忘了播种。

努力启示

古人说："唯有埋头，乃能出头。"种子如不经过在坚硬的泥土中挣扎奋斗的过程，它将止于是一粒干瘪的种子，而永远不能发芽滋长成一株大树。沉下心做事，就是要面对现实，面向未来，顺从规律，服从大势，不做拔苗助长的蠢事，不干明天后天才有可能做的蠢事。扎扎实实，一步一个脚印地走；循序渐进，一步一步登上事业的巅峰。

岁月的年轮，打磨着梦想的轮廓

古人云："锲而舍之，朽木不折；锲而不舍，金石可镂。"一个人只要有恒心，迈着坚定的步伐，义无反顾地向前走，最终会沐浴到胜利的光辉。如果你去过乡下，有幸看到有屋檐的老房子，那你就明白其中的很多道理。在乡下，屋檐之下是石头砌成的平台，而屋檐上是瓦片铺盖而成的屋顶。每当下雨的时候，天上的雨水降落下来，滴在屋檐上，那水珠就顺着瓦檐流下来，好像珠子串成的帘子一样，而顺着水珠滴落的地方，经过这样长年累月地打磨，那坚硬的石头竟然出现一些小坑洼。那是多么神奇的力量，柔弱的水珠，竟然可以将石头滴穿！其实，不要为此感到惊讶，因为这就是"滴水穿石"的真实现象。

唐代诗人李白幼年时曾读那些经书、史书，但那些书都十分深奥，他一时读不懂，便觉得枯燥无味，于是，他索性丢下书，逃学出去玩。

有一次，他一边闲游闲逛，一边东瞧西看。这时他看见一位老奶奶坐在磨刀石边上的矮凳上，手里拿着一根粗大的铁棒子，在磨刀石上一下一下地磨着，满脸是专注的神情，以至于李白在她旁边蹲下都没有察觉。李白不知道老奶奶在干什么，便好奇地问："老奶奶，您这是做什么呢？"老奶奶头也没抬，简单地回答说："磨针。"然后依然认真地磨着手里的铁棒，李白觉得不明白，惊讶地问："磨针？"老奶奶手里磨着的明明是一根粗铁棒，怎么会是针呢？

看了一会儿，李白忍不住问："老奶奶，针是非常非常细小的，而您磨的是一根粗大的铁棒呀！"老奶奶一边磨一边说："我正是要把这根铁棒磨成细小的针。""什么？"李白有些意想不到，他脱口就问："这么粗大的铁棒能磨成针吗？"这时候，老奶奶才抬起头来，慈祥地望着李白，说："是的，铁

棒又粗又大，要把它磨成针是很困难的，可是我每天不停地磨呀磨，总有一天，我会把它磨成针的，孩子，只要功夫下得深，铁棒也能磨成针呀！”

当时的小李白悟性很高，听了老奶奶的话，一下子明白了很多。他心想：对啊，做事情只需要有恒心，天天坚持去做，什么难事都可以做成的。读书也是这样，虽然有不懂的地方，但只要坚持多读，天天读，总会读懂的。想到了这里，李白感到很惭愧，于是，他拔腿就往家里跑，重新回到书房，翻开原来读不懂的书，认真地读起来。

“铁棒磨成针”和“滴水穿石”的道理是一样的，李白正是靠着这样的耐力，攻读百书，才铸就了后来的诗仙。在生活中，不管我们遇到多大的难事，都不要畏惧，不要退缩，而是勇敢地向前，每天努力一点点，长年累月，累积起来的力量足以干成任何大事。哪怕是一点点的力量，经过时间的打磨，也会蜕变成一股强大的力量，而这正是推动我们走向成功的力量。

小时候的童第周有着较强的好奇心，他看到不懂的问题往往要拉住父亲问个明白，父亲每次都不厌其烦地给他讲解。

有一天，童第周看到屋檐下的石阶上整整齐齐地排列着一行小坑坑，他觉得非常奇怪，琢磨半天也弄不明白这是怎么回事，便去问父亲：“父亲，那屋檐下石板上的小坑是谁敲出来的？是做什么用的呀？”父亲看到儿子这样好奇，高兴地说：“这不是人凿的，这是檐头水滴下来敲的。”小童第周感到更奇怪了，水还能把坚硬的石头敲出坑吗？父亲耐心地解释说：“一滴水当然敲不出坑，但是天长日久，点点滴滴不断地敲，不但能敲出坑，还能敲出一个洞呢，古人不是常说‘滴水穿石’嘛，就是这个道理。”

父亲的一席话，在小童第周的心里激起了一阵阵涟漪，他坐在屋檐下的石阶上，望着父亲，似懂非懂地点点头。在家里，由于农活比较多，童第周对学习失去了兴趣，不想读书了。这时父亲耐心地开导童第周说：“你还记得滴水穿石的故事吗？小小的檐水只要常年坚持不懈，能把坚硬的石头敲穿，难道一个人的恒心不如檐水吗？学知识也是靠一点点积累，坚持不懈才能获得成功。”同时，为了更好地鼓励童第周继续上学，父亲书写了“滴水穿石”这四个大字赠给他，并充满期望地说：“你要把它作为座右铭，永志不忘。”

生活中，做任何事情都需要一个过程，一点点累积，就足以凝聚成一股巨大的力量。如果你放松了平日的努力，只靠临时抱佛脚，那将注定是失败。有时候，在平日中不断努力却没有得到回报的人们，心里总是抱怨：为什么上天不公平呢？其实，上帝给予我们的都是公平的，如果你还没有得到回报，那只是因为还没到时机，因为时间就是最好的见证者，它见证了你一点点的努力，最后，它也将见证你最终的成功。

努力启示

大自然的这些神奇力量一样可以引申到我们生活中，在生活中，那些可以忽略不计的力量，如果将它一点点凝聚起来，该是多么大的力量。不论是做人还是做事，我们都需要坚信水滴石穿的真理，坚守时间的打磨，终有一天，我们能够顺利地采摘成功的果实。

再沉寂的时光，也不能磨灭自己的志向

许多人都知道蝴蝶的蜕变过程，先是虫卵，然后等春天来了，出来了毛毛虫之类的虫子，这时基本上都是害虫，然后它们生长一段时间以后成熟了，就开始吐丝结茧，在过一段时间之后才会变成“翩翩起舞”的蝴蝶。在万花丛中，我们看蝴蝶，那美丽的翅膀抖动着，那亮丽的花纹在阳光的照射下更是熠熠生辉。可是，我们在赞叹蝴蝶美丽的同时，是否想到了它蜕变背后的艰辛呢？它们在最痛苦的时候，依然没有忘记蜕变这个志向。

蝴蝶的蜕变是需要代价的，它所承受的代价都是忍受痛苦：蜕变的苦痛、等待的焦躁、忐忑不安的心境。这些都是蝴蝶在蜕变之时所承受的苦痛，其实，人何尝不是一样呢？如果自己想要成功，必须经历一个煎熬的过

程，就好像蝴蝶蜕变一下，刚开始可能你只是一个什么都不会的毛头小伙子，后来慢慢开始有了想法，开始去尝试，尝试之后是失败，失败了再尝试，在忍受了无数次失败的痛苦之后，你才能迎来成功，然而，在这个过程中，你更需要忍受，坚持自己的志向。

听说，前不久华人导演李安执导的《理智与感情》被列入了“影史伟大的100部英国电影”榜单。回望李安的成功，就好像一次生活的蜕变，但这个过程中，他付出了巨大的代价。内敛和害羞的李安曾说：“我天性竞争性不强，碰到竞赛，我会退缩，跟我自己竞争没问题，要跟别人竞争，我很不自在，我没那个好胜心，这也是命，由不得我。”这个信命的男人，却以自己强韧的耐心完成一次生命华丽的蜕变，从一个普通的男人蜕变成为了国际大导演。

虽然，李安毕业时的作品《分界线》为他赢来了一些荣誉，但毕业之后，他没有找到一份与电影有关的工作，他只得赋闲在家，靠妻子微薄的薪水度日。那段日子算是李安的潜伏期，他为了缓解内心的愧疚，不仅每天在家里大量阅读、大量看片、埋头写剧本，而且还包揽了所有的家务，负责买菜、做饭、带孩子，将家里收拾得干干净净。他偶尔也会帮人家拍拍片子、看看器材、做点剪辑处理、剧务之类的杂事，甚至还有一次去纽约东村一栋很大的空屋子去帮人守夜看器材。在这段时间，他仔细研究了好莱坞电影的剧本结构和制作方式，试图将中国文化和美国文化有机地结合起来，创造一些全新的作品。

后来，李安回忆起这段煎熬的日子，依然十分痛苦：“我想我如果有日本男人的气节的话，早该切腹自杀了。”就这样，在拍摄第一部电影之前，他在家里当了六年的家庭主男，练就了一手好厨艺，就连丈母娘都夸奖：“你这么会烧菜，我来投资给你开餐馆好不好？”蛰伏了一段时间之后，李安出山了，他开始执导自己的第一部电影《推手》，紧接着，他内心对电影艺术的狂热就好像终于等到了机会发泄了出来，一部接着一部，部部片子都是经典，都为其成功奠定了扎实的基础。

就这样，李安完成了一次生命华丽的蜕变。

一个对电影怀抱着理想和希望的男子，却甘愿在家里做了六年的“煮夫”，这需要何等的耐心呢？就连李安自己也自嘲说：“我想我如果有日本男人的气节的话，早该切腹自杀了。”在那段煎熬的日子里，他不断蛰伏着，就好像蝴蝶在蜕变之前所经历的一切环节，忍受着寂寞与孤独，忍受着枯燥和痛苦，却始终没能忘记自己的志向，总算等来了那一天，终于，他成功了，虽然，蜕变的代价是巨大的，但他已经忍受了过来，现在的他，只需要轻轻地努力就可以采摘成功的果实，生活对于他，也从来都是公平的。

帕格尼尼的人生是充满苦难的：在他 4 岁时，一场麻疹和强直性昏厥症，差点要了他的命；7 岁时，他又患上了严重的肺炎，不得不进行放血治疗；46 岁时，他的牙床突然长满脓疮，只好拔掉几乎所有的牙齿；牙病刚刚好，他又染了上可怕的眼疾，幼小的儿子成了他手中的拐杖；年过半百后，关节炎、肠胃炎等多种疾病又时刻吞噬着他的肌体；后来，他的声带也坏掉了，只能靠儿子按口型翻译他的思想；57 岁时，口吐鲜血而亡；死后，尸体也备受折磨，先后搬迁了 8 次！

但是，面对人生中的这么多苦难，帕格尼尼并没有沉沦，他不仅用独特的指法、弓法和充满魔力的旋律征服了整个世界，而且发展了指挥艺术，创作出《随想曲》《无穷动》《女妖舞》和 6 部小提琴协奏曲以及许多闻名世界的吉他曲。

听到了帕格尼尼的悲苦演绎，李斯特大喊：“天啊，在这 4 根琴弦中包含着多少苦难、痛苦和受到残害的挣扎着的生灵啊！”在追求事业的过程中，忍耐是不可避免的，但我们每个人都有自己的选择，有的人选择抱怨，有的人选择自暴自弃，有的人选择隐忍、奋进。很多时候，我们已经忘记了还有一种东西——耐心，当我们保持顽强的耐心，再沉寂的时光也只会使我们变得更坚定，成功也就是指日可待的事情了。

努力启示

任何一次成功的背后，必定是百转千回的磨砺和痛苦，甚至是一次痛苦的蜕变，所以说，成功是需要耐心的，需要更顽强的耐心，哪怕再沉寂的时

光，也不要磨灭自己的志向。沉寂的时光磨不去坚定的志向，它只会成为我们努力奋发的见证者。甘受寂寞和孤独，我们才能迎来成功的曙光。

在任何境况下，都不要选择放纵自己

俗话说："学好千日不足，学坏一日有余。"坏习惯、自由散漫一学就会，而严守纪律、严格约束自己则要困难得多，这个规律就被称为"下坡容易定律"。这个定律将提醒年轻人：如果要想成为一个有用的人，要想有所作为，就一定要严格要求自己，付出艰辛的努力；假如我们习惯于贪图享乐，就很容易使自己变得懒散堕落，最终一事无成，甚至有可能会步入歧途。

贝利在小时候参加了一次激烈的足球赛，比赛结束之后，贝利累得喘不过气来。休息的时候，贝利向小伙伴要了一支烟，他得意地从嘴里吐出一缕缕淡淡的烟雾，贝利有点陶醉了，似乎刚才的疲劳也随之消失了。然而，这一切被父亲全看见了，父亲的眉头皱得很紧，晚上，父亲问贝利："你今天抽烟了？"贝利意识到自己做错了事情，低声回答："抽了。"不过，父亲并没有发火，他在屋里走了好半天，才平静地对贝利说："孩子，你踢球有几分天资，也许将来会有出息，可惜，你现在要抽烟，抽烟，会损坏身体，使你在比赛时发挥不出应有的水平。"小贝利涨红了脸，头更低了，父亲接着说："作为父亲，我有责任教育你向好的方面努力，也有责任制止你的不良行为，但是，是向好的方向努力，还是向坏的方向滑去，你自己才能做决定，我只想问问你，你是愿意抽烟呢？还是愿意做个有出息的运动员呢？孩子，你该懂事了，自己选择吧！"说着，父亲掏出一沓钞票，递给贝利，说道："如果你不愿意做个有出息的运动员，执意要抽烟的话，这点钱作为你抽烟的钱吧！"说完，父亲就走了出去。贝利望着父亲远去的背影，回味着父亲恳切的话语，他难过地哭了，贝利拿起桌上的钱还给了父亲，坚决地说：“爸爸，我再也不抽烟了，我一定要做个有出息的运动员。”

贝利开始走向了上坡路，通过刻苦训练，贝利的球艺突飞猛进，15岁参加桑托斯职业足球队，16岁进入巴西国家队，他被人们称为“黑珍珠”，他就是球王贝利。

在生活中，年轻人要经常检查自己，督促自己，克服自己的不良习惯，严格要求自己，不断地完善自我，最终成就自我。在人生的道路上，我们会面对各种不同的挑战，但是，我们最大的敌人并不是别人，而是自己，我们更要勇于挑战自我。一旦察觉自己有了走下坡路的趋势，一定要及时刹车，努力克服坏习惯，这样我们才有足够的能量踏上“上坡路”。

对于约翰尼·卡特来说，即使自己的梦想实现了，但是，人生的挑战还没有结束，在几年的巡回演出过程中，卡特的身体拖垮了。每天晚上，卡特都需要借助安眠药才能入睡，而且，还需要服用“兴奋剂”来维持第二天的精神状态。逐渐地，卡特沾染上了坏习惯，酗酒、服用催眠镇静药和兴奋药物，坏习惯越来越严重，导致他对自己失去了控制能力，在以后的日子里，他不是在舞台上就是在监狱里。

有一次，卡特从监狱刑满出狱的时候，一位司法长官对他说：“约翰尼·卡特，今天我要把你的钱和麻醉药还给你，因为你比别人更明白你能充分自由地选择自己想干的事，这就是你的钱和麻醉药，你现在就把这些药片扔掉吧，否则，你就去麻醉自己，毁灭自己，你自己作出选择吧！”卡特一瞬间醒悟了，他选择了生活，他找到了私人医生，痛下决心戒掉坏习惯，医生不太相信他：“戒毒瘾比找上帝还难。”卡特决心“一定能找到上帝”，他开始了漫长的戒毒之路，卡特将自己锁在卧室闭门不出，忍受着巨大的痛苦。当时，在卡特面前的有麻醉药的引诱，有奋斗目标的呼唤，卡特选择了奋斗，漫长的9个星期过去了，卡特回归了久违的生活。重返舞台，卡特成为了一名著名的灵魂歌手。

一个人想要征服世界，首先要战胜自己。在日常生活中，年轻人很容易就会陷入自我的泥潭而无法自拔，沾染上一些坏习惯，整个人变得颓废不

堪。学坏总是那么容易，而要想学好却是难上加难，为了避免自己一不小心走“下坡路”，我们应该时刻警惕自己的行为，努力走向上坡，然后欣赏别样的风景。

当自己没有了约束，那么你就会不断地放纵自己，直到毁灭的那一天。生活对于我们而言，每天都充斥着未知的诱惑，可能是金钱与地位，可能是享乐与欲望，但是，当你开始深陷其中的时候，是否察觉到人生已经开始走下坡路了呢？

努力启示

哲人说：“贪图享乐是厄运的源头，克制好自己的欲望，做好自己的事情，才能平平安安地度过自己的人生之旅。”年轻人，随时警惕自己的行为，不要让自己踏上贪图享乐之路，无论是欲成大事者，还是一个普通的人，在任何情况下都不要放纵自我。

在寂寞中，如何更好地反省

年轻人，要想征服世界，就需要实时自省，不断完善自己，人生就是一个不断完善和超越自我的过程，即使我们不可能凡事做到尽善尽美，但是，我们应该努力让自己更好一点，努力去追求完美。只有向前努力了，生活才会给予你相同的回报。一个人最大的敌人就是我们自己，要想战胜自己，首先就要学会自省。

曾国藩在30岁左右的时候，给自己制订了严格的修身计划，曰“日课十二条”，主要包含了以下内容：

（1）主静：无事时整齐严肃，心如止水；应事时专一不杂，心无旁物。

（2）静坐：每日须静坐，体验静极生阳来复之仁心，正位凝命，如鼎之镇。

（3）早起：黎明即起，绝不恋床。

（4）读书不二：书未看完，绝不翻看其他，每日须读十页。

（5）读史：每日至少读二十三史十页，即使有事亦不间断。

（6）谨言：出言谨慎，时时以“祸从口出”为念

（7）养气：气藏丹田，修身养性。

（8）保身：节劳节欲节饮食，随时将自己当作养病之人。

（9）日知其所亡：每日记下茶余偶谈一篇，分为德行门、学问门、经济门、艺术门。

（10）月无忘所能：每月作诗文数首，不可一味耽搁，否则最易溺心丧志。

（11）作字：早饭后习字半小时，凡笔墨应酬，皆作为功课看待，绝不留待次日。

（12）夜不出门：临功疲神，切戒切戒！

年轻的曾国藩相信，所谓本性不能移完全是虚妄之语，他认为人的品行是可以通过自省来改变的。在这一方面，曾国藩以自己的实际行动表示，一切需要脚踏实地，他曾记载了这样一件小事：在一个月中有时三天未能早起，于是，便谴责自己，谴责自己是禽兽，是懒鬼。同时，他还把自己睡懒觉、不愿意起床的那一刻的想法记载下来。他说：“我以为别人不知道，我睡懒觉就睡懒觉，可清醒之后便想：难道仆人不是人吗？难道仆人就见不到我睡懒觉吗？既然天知、地知、别人也知，那我为何还这么虚伪呢？”对自己立下的志向，他就是这样通过自省来鞭策自己的。

在美国有位很有钱的富翁，却得不到别人的尊重，为此，他很苦恼，每天都想着如何才能得到他人的敬仰。一天，富翁在街道上散步，看到旁边有一个衣衫褴褛的乞丐，他心想自己机会来了。于是，富翁便在乞丐破碗中丢下了一枚金币，可是，乞丐却头也不抬，自己忙着捉虱子，富翁感到很生气：“你眼睛瞎了吗？没看到我给你的金币？”乞丐还是没有正眼瞧他，回答说：“给不给是你的事，不高兴你可以要回去。”富翁很生气，又丢了十个金币在

乞丐的碗中，心想这一次乞丐一定会趴着向自己道歉，却不料，那个乞丐还是不理不睬。

富翁几乎要跳起来了，咆哮道：“我又给了你十个金币，你看清楚，我是有钱人，好歹你也尊重我一下，道个谢你都不会？”乞丐懒洋洋地回答：“有钱是你的事，尊不尊重则是我的事，这是强求不来的。”富翁一下子着急了：“那么，我将我的一半财产分给你，能不能请你尊重我呢？”乞丐翻着白眼看着他，说：“给我一半财产，那我不是和你一样有钱了吗？为什么要我尊重你。”一着急，富翁说道：“好，我将所有的财产都给你，这下你可愿意尊重我了吗？”乞丐回答道：“你将财产都给我，那你就成了乞丐，而我成了富翁，我凭什么要尊重你？”富翁一下子好像明白了什么，他抓住乞丐的手，真诚地说了一句：“谢谢你！”乞丐改变了之前的态度，抬头看着他说：“不用客气，您请慢走。”

一个不懂得自省的富翁，也可以被一无所有的乞丐所嘲笑，那是因为他在不断地自我膨胀中忘记了尊重他人。一个成功者要善于进行广泛地学习，把那些学到的东西用来检查自己的言行，遇到事情才不会糊涂，自己的行为才不会有什么过失。

自省是我们认识水平不断进步的动力，自省是对我们的言行客观评价的标尺。现代社会是不断变化的，我们与周围的一切都有着息息相关的联系，过去和未来都将与环境有着密切的关联。对此，我们在处事之中都需要有正确的定位，这将决定着我们以后的一切，成败在此一举，所以，对于每个人而言，自省是非常有必要的。

努力启示

在生活中，每个人都是不完美的，个体上都有缺陷，智慧上也有着不足之处，特别是一些年轻人，社会阅历浅，做事缺乏经验，容易出错，说话容易得罪人，这时就应该进行自我反省。通过自省，可以历练我们，让自己更富有敏锐的洞察力，更加能清楚地认识自己。

第 8 章

别让"瞎"忙耽误你，"忙"对方式最见效

爱因斯坦说："成功 = 艰苦的劳动 + 正确的方法 + 少谈空话。"许多年轻人每天瞎忙，他本以为自己已经够努力了，但其实不然。忙并不代表你努力，"忙"对方式最重要。正所谓"一分耕耘，一分收获"，努力是很重要的，但方法更重要，如果方法错误了，那再努力也没什么意义。

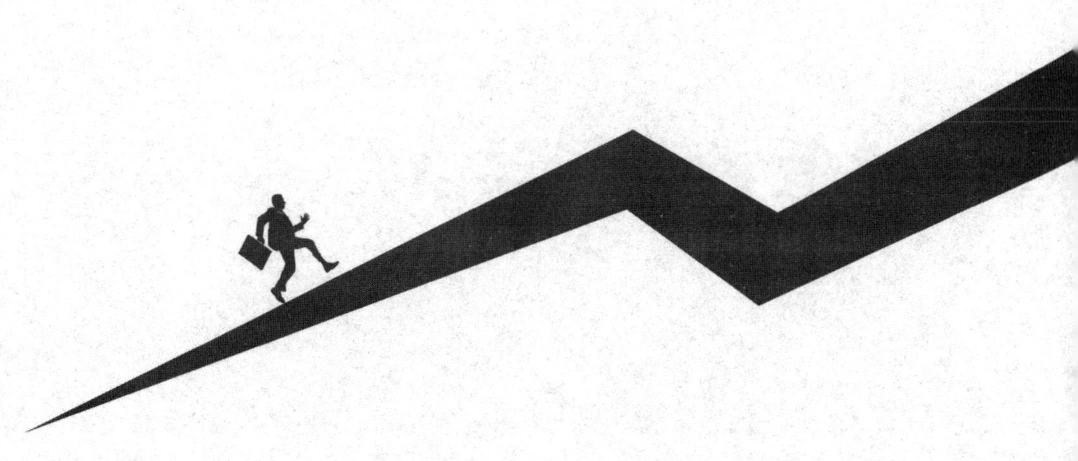

努力之前，正确的想法很重要

不管在任何关键的时候，正确的想法都是解决问题的唯一途径。想法是大脑的活动，人的一切行为都受它的指导和支配。想法虽然看不见、摸不到，但它真实地存在着。有什么样的想法，就会有什么样的命运。在现实生活中，我们常听人说，“我一天到晚都很忙，忙得都没有时间去想。”然而，就是“没时间去想”这五个字，却成为成功与失败的分水岭。平庸的人只知道“埋头拉车”，而那些睿智的人却努力想出解决事情的最好方法。纵览名人的成败史，你会发现，所有伟人的成就在开始时都不过只是一个想法罢了。

有一位才华横溢的年轻画家，早年在巴黎闯荡时一直默默无闻、一贫如洗，连一张画都卖不出去，因为巴黎画店的老板只寄卖名人的作品，年轻的画家根本没机会让自己的画进入画店出售。

但是，这一天，画店却来了一位顾客，向老板热切地询问有没有那位年轻画家的画。画店老板拿不出来，最后只能遗憾地看着顾客满脸失望地离去。

在此后的一个多月里，不断有顾客来店里询问年轻画家的事情，画店的老板开始为自己的过失感到后悔，多么渴望再次见到那位原来如此“有名”的画家。

就在老板十分焦急之时，这位年轻画家出现在了画店老板的面前，他成功地卖出了自己的作品，并因此而一夜成名。

原来，当这位画家兜里所剩无几时，他想出了一个聪明的方法：他用钱雇佣了几个大学生，让他们每天去巴黎的大小画店四处转悠，每人在临走的时候都要询问画店的老板：有没有这位画家的画？哪里可以买到他的画？

这个充满智慧的年轻画家便是毕加索。

金子不是在哪里都会发亮的，譬如，当它还埋在沙土中的时候；同样，也不是每一位有才华的人就一定会飞黄腾达，当机遇没有来到的时候，怨天尤人也无济于事。这时，我们不妨学一学毕加索，动一动脑筋，想一个聪明的办法来创造自己的机遇。那么，成就说不定也就不期而至了。

在正式努力之前，拥有绝妙的想法是多么重要。有的非常努力，但效果却收效甚微，以为是天分的问题，却从来不思考是否是努力的方式出现了问题，即在努力之前，根本没有可行的想法，就盲目努力，最终会无法达成既定目标。

年轻人，永远做有想法的人吧。没有做不到的，只有想不到的。对于敢“想”，会“想”的人来说，这个世界上不存在困难，只存在着暂时还没想到的方法，然而方法终究是会想出来的。所以，对于有想法的人来说，一切困难都会止步于他们的脚下，而成功则会大步流星地向他们走来。

努力很重要，方向更重要

对成功而言，努力很重要，方向更重要。方向走对了，哪怕走得慢却能一步一步靠近成功；可倘若走错了方向，不仅白忙一场，更可能离成功越来越远。人的一生有很多意外会发生，你无法控制它们，就像你不能掌控自己的生老病死一样。于是有人说活着就要及时享乐，就要对得起自己，而有些人认为活着就要不断追求，不断收获，不断给自己树立目标，在每一次实现目标时，尽情享受其中的快乐。

通常我们把前者的态度说成消极，把后者赞为积极面对生活的人。拥有目标，从而奋力拼搏，这是成功最简单的模式之一。但你是否明白，在你的生命中，在你前行的路上，不是每一条河都能顺利渡过的，遇到过不了的河掉头而回，也是一种智慧。但很多人在这种情况下，却只盯着眼前奔腾的河水发愁，而看不到河边的苹果树。真正的智者会放飞思想的风筝，摘下河边的"苹果"。

有一位印度学者对阿利·哈费特说："如果你能得到拇指大小的钻石，就能买下附近所有土地；如果你能找到钻石矿，那么就能够让你儿子坐上王位了。"

从此，钻石的价值就深深烙进哈费特的心坎。

那天晚上，哈费特彻夜未眠，第二天一早便跑去找学者，问他到哪里才能找到钻石。学者发现他如此迷失，便更改了建言，希望打消哈费特的念头。但是，已经沉入妄想中的哈费特完全听不进去，死乞白赖地缠着学者，最后学者随口说："您要去很高很高的山里，寻找流着白沙的河，只要找得到白沙河，就一定找得到钻石。"于是，哈费特变卖了所有的家产，开始他的寻钻之路。但是，他找了许久，始终找不到宝藏，最后在西班牙的海边，投海死了。

几年后，有人买下哈费特的房子。当准备让骆驼饮水时，发现沙中竟然闪着奇特的光芒。他立即拿了工具去挖，不久便挖到一块闪闪发光的石头。不知道这是什么，只觉得这个石块很漂亮，便将它放在炉架上。

有一天，那位学者来拜访这户人家，一进门，就发现炉架上那块闪闪发光的石头。学者惊奇道："这是钻石啊！是哈费特回来了？"新屋主说道："没有啊！哈费特并没有回来，这块石头是我在后院的小河旁边发现的。"学者怀疑地说："不！你在骗我。"于是，新屋主向学者说出他找到钻石的地方，两人便立刻来到小河边，开始挖掘。几分钟后，底下便露出一块更为亮丽的钻石，接着又陆续挖掘出许多的钻石。

后来献给维多利亚女王的那块钻石，也是出自这个地方，而且净重100克拉。

钻石就在自己的后院的小河边，哈费特却南辕北辙地到外面四处寻找，他的一切努力，都因方向的错误，而失去了任何的意义。在生活中，每个年轻人都有自己的理想，有坚持的方向，并为之不懈奋斗，渴望有一天自己的付出能有所获得。

有人说，成功是 1% 的灵感加上 99% 的汗水。这句话恰恰反映出这 1% 的灵感是最重要的，大部分的年轻人只是寄托于自己的努力和勤奋而忽略了努力的方向，终其一生也是劳无所获。时间就这样匆匆逝去，生命也这样庸庸碌碌地消逝，而留下来的只是遗憾。事实上，朝着错误的方向前行，比原地踏步更可怕，因为你距离终点将会越来越远。

有两只蚂蚁，它们想翻越前面的一堵墙，去寻找食物。这堵墙长约百米，高近二十米，但每隔十米就有一个小通道。其中一只蚂蚁想自己身强力壮，凭着力气一定能翻过墙去。它卯足了劲儿往上攀爬，但每次爬到一半时都因为太累而跌落下来，不过它总是努力着，希望自己总能爬上去。

另一只蚂蚁身子比较瘦弱，它觉得这样蛮干是不行的，它观察了一下整个墙体，终于发现这堵墙的秘密。于是它决定从通道过去，很快穿过这堵墙就找到了美味的食物，开始享用。而另外那只蚂蚁还在勇敢地爬墙，还在不停地跌落又开始。

确实，有时愿望很重要，勇气很重要，毅力很重要，但方向更重要。在现实生活中，没有方向或走错方向的年轻人很多，他们坚信“天道酬勤”，但殊不知，这些成功之道必定是建立在一个基本前提之上，那就是正确的方向。事实上，确定方向比努力本身更重要，如果方向错误，越努力离成功反而越来越远。

清华大学校长曾送给毕业生一段话：“在未来的世界里，方向比努力重要，努力比知识重要，健康比成绩重要，生活比文凭重要，情商比智商重要。”有的年轻人起点并不高，但因为他们选择了正确的职业发展方向，所以在短短几年之后他们的价值超过了很多当初起点比他们高的人。

年轻人，必须在科学审视自身所处的环境，客观地评价自己的能力素质，正确地选择努力的方向，否则付出再多的努力也是白费。许多年轻人从

事着自己并不喜欢的职业，总是发出"我也很努力，不过就是做不到最好"的感慨。其缘由是这些年轻人并非不喜欢这份职业，而是这份工作并非是他们最适合的。如果年轻人希望能把一项工作做的得心应手，就需要选择正确的人生目标。如果走错了方向，那么果断放弃，去寻找自己的正确的人生方向。

努力启示

在这个世界上，条条大路通罗马，通往成功的道路不止千万条。不过年轻人需要记住：几乎所有的道路，不是别人给的，而是你自己选择的结果。你选择什么样的道路，也就会拥有什么样的人生。从容思考，从速施行，方向永远比努力更重要。

世界上只有两种人：高效率的人和低效率的人

时间观念的改变，会使一个人的生活更丰富、更充实，在管理时间、利用时间的过程中，你的做事效率必定也会有一个很大的提升。时间对于每一个人来说，都是无法挽留的，它就像东逝之水，一去不复返。一个有所作为的人，必须学会有效地安排时间，有效地利用时间，更为重要的是优化自己的时间观念，提升自己的做事效率。

萧伯纳说："世界上只有两种物质：高效率和低效率；世界上只有两种人：高效率的人和低效率的人。"如果你不想做一个低效率的人，你就需要获得比别人更多的知识、方法和思维。只有当你找到了世界上最有效率的方法时，你才能赢得世界的尊重和梦寐以求的财富。

高效率意味着高投入，没有投入就没有产出，低投入只能带来低产出。

对大脑的投资是一种决定命运的投资，只能以最大最优先的投入对待。对大脑的投资也是一种产生最大效率和最大收益的投资，永远不会亏本。明白了这个道理，你才能拥有正确的时间观念，才会有获得财富和社会地位的能力。你才能获得比别人更高的效率，你才能跑在赛道的最前面。

诺斯古德·帕金森是英国著名的历史学家，他在分析了为何“大型组织大而无当，毫无生气”时，指出：“事情增加是为了添满完成工作所剩的多余时间。”这个定律告诉我们，工作效率低，是因为我们给了这个工作太多的时间。

帕金森描述了一位老太太话了一整天时间，寄一张明信片给她侄女的过程：花一个小时找那张明信片；花一个小时找眼睛；花半个小时查地址；花一个半小时写明信片；用 20 分钟考虑寄信时要不要带伞。就这样，一个人只需花 3 分钟就能干完的事情，却让另一个人花了一整天时间才干完，并且犹豫不决，疲惫不堪。

帕金森得出结论：“做一份工作所需要的资源，与工作本身并没有太大的关系，一件事情膨胀出来的重要性和复杂性，与完成这件事花的时间成正比。换句话说，给自己很多时间做一件事，不一定能提高工作的效率。时间多反而越容易使人懒散，缺乏动力，效率低。一个学生平均成绩一直较低，家长只好让他修学分最低的功课。儿童心理学家却建议这个学生多修一些课。结果出乎大家意料，这个学生多修课后，所有功课成绩不降反升。事实上，这个学生要做的就是打起精神，提高学习效率。

我们常说，观念决定思路，思路决定出路。对待一件事情，一堆事情，一天的事情，甚至是更为长远的规划，能做到帕金森那样对利用时间、提高效率有如此清晰的认识，你投资大脑的工作就取得了卓越的成效，你将取得可喜的转变。

一些成功的企业家告诫年轻人，有什么样的思想观念，就有什么样的工作效果。不断地更新观念，不断分析自己、认识自己、提高自己，才能改变不执行和浪费时间的不良习惯，提高整个企业的运转效率，自动自发地做好本职工作。

在这个世界上，做同一种工作的人不计其数，做同一种工作的方法更是数不胜数，其中不乏效率高的方法。这就需要自己去寻找、去借鉴。在这个追求高效率的社会里，抓不住效率的绳索，就会被高效率的机器甩出十万八千里。没有效率意味着死亡。不投资大脑也就意味着没有效率。

提高做事效率，其中重要的一项是提高执行力。要提高执行力就要做到加强学习，更新观念。日常工作中，我们在执行某项任务时，总会遇到一些问题。而对待问题有两种选择。一种是不怕问题，想方设法解决问题，千方百计消灭问题，结果是圆满完成任务；一种是面对问题，一筹莫展，不思进取，结果是问题依然存在，任务也不会完成。反思对待问题的两种选择和两种结果，我们会不由自主地问到，同是一项工作，为什么有的人能够做得很好，有的人却做不到呢？关键是一个思想观念认识和对待时间的态度。

努力启示

成功的优势是：知识和能力上很小的一点差距就能够带来迥然不同的结果。这其中，对于时间观念的正确认识，对于做事效率的掌控是人与人之间能力和知识差别的重点。投资大脑，为未来准备知识，知识和经验能使你在新的形势中迅速找出规律，你找出规律越多，你的效率提升越快，你在各种情况下作出抉择、采取行动的速度就越快，你的时间也就节省的越多，这就会使你迅速走入成功者的行列。

懂得停止的人，才知道如何加快速度前进

只会向前猛冲，而不懂得减速缓行的人，在人生的某个弯道处，一定会冲出跑道，损失更多。生命只有两种状态：运动和停止。处于生活压力下的

年轻人每日都在拼命地劳作，虽然双休日时能够在家小睡个懒觉，但恐怕心也不会那么淡然。

用持之以恒的精神拼搏、奋斗是年轻人必须具备的一种品质，但并不意味着要一刻不停的奔波与忙碌。适可而止，会休息才会成长。只会向前猛冲，而不懂得减速缓行的人，在人生的某个弯道处，一定会冲出跑道，损失更多。停止是一种总结，是对过往的一种评价和分析。只懂得埋头向前，一味向目标奔波，也许你已经走在了丢了西瓜捡芝麻的道路上。

懂得减速和停止，是人生的一种境界。一味地追求高速度和高效益，也许并不能达到预期的目标，反而会适得其反，用了多大的冲劲，就能招致多大的损伤。这是必然的，或许就是因为有了喘息的机会，才有足够的体力进行下一步的飞跃。有过登山经历的人也许会有一样的体会，那就是：山很高，需要分好多步才能登顶，最关键其实就是在中途，一旦停不下来休息，那么就必然是在最接近终点的时候落下。

每个人看到雪时多数都会兴奋，当走入滑雪场，开始滑雪时，最大的体会就是感受速度带来的刺激，但紧接着的一个问题就是如何更安稳地停止滑行。刚开始学滑雪的时候没有请教练，看着别人滑雪，觉得很容易，不就是从山顶滑到山下吗？于是你穿上滑雪板，哧溜一下就滑下去了，结果你从山顶滑到山下，实际上是滚到山下，摔了很多个跟斗。你发现根本就不知道怎么停止、怎么保持平衡。最后你反复练习怎么在雪地上、斜坡上停下来。练了一个星期，你终于学会在任何坡上停止、滑行、再停止。这个时候你就发现自己会滑雪了，就敢从山顶高速的往山坡下冲。因为你知道只要你想停，一转身就能停下来。只要你能停下来，你就不会撞上树、撞上石头、撞上人。你就不会被撞死。因此，只有知道如何停止的人，才知道如何高速前进。

停止，并不意味着停滞不前，没有了目标与方向。这仅仅是你短暂的休息调整。学会停止不是意味着永远止步，而是积攒后劲以便更好的前进。学会停止也是一门艺术，当你学高飞，你要不时回头看一眼，知道什么还是你需要继续学习的必须。

生活犹如爬山，你的周围是群山峰峦，有上坡就有下破，上坡容易下坡难，这是众所周知的道理，为什么，上坡大家都会一鼓作气地向前冲，或许中间不需要停下，但下坡就不是，如果你不懂得如何停止，那么你很可能摔得头破血流。

即使是平地亦是如此。正因为你看不清楚前面的方向，你就更需要适时地停下，或休息调整或稳定前行。

在一段时间适时总结，你可以储备有用的信息，不至于在忙忙碌碌中，让工作和生活没有重点，晕头转向。在总结中，你会看到自己工作和学习中的得失，评价方法选择和运用的是否合理，发现最值得以后做事用以借鉴的东西。在总结中可以培养与锻炼自己的思维方法、分析能力、辩证观点，实际上这是自我提高的好方法。正如哲人所说，总结一次，认识提高一次。

停止是一种明智地取舍，看似放松前行的脚步，停止奔忙的步伐，甚至会让自己经历另一个停车——起步。但你要记住，没有舍弃，就没有获得，不愿停下来审视自己的人，永远也不能发现自己的缺点，实现自己的质变。

不管是工作还是学习，适时调整自己是必需的。

努力启示

在人生的路途上，懂得停止，从更高的境界理解事：学会停止也就是知道在该放下的时候放下，该拿起的时候重新拿起，暂时停下手里的工作，用心去聆听这个世界。换一种触觉，同时意味着你获得了另一种灵感与机缘。一阵子的忙碌与调整，机会很多，要改变的思路相应的也有很多，那么停下来，以一种旁观者的角色去重新定位，重新武装，不失为大将之风范。

一味努力不如正确努力

人活于世，仅仅知道做什么是不够的，因为人的命运取决于做事的结果，而结果取决于做事的方法。做事持之以恒，有毅力，肯努力，这些都是优秀的品质。然而，方法比努力更重要。抓不住事情的关键所在，只知道埋头干事的人，最后只能像贾金斯一样，白费气力，最终也解决不了问题。对于现实中的年轻人来说，在学习和工作中，努力是好事情，但是光努力是不够的，还要多动脑，多思考，这样才能真正做出成绩。要善于观察、学习和总结，仅仅靠一味地苦干，只埋头拉车而不抬头看路，结果常常是原地踏步，明天将仍旧重复昨天和今天的故事。

每一个人都要努力做到：用脑去想，用心去做。学会思考，学会发现问题、解决问题，学会认认真真地做好每一件事。聪明地做事，好机会就会来到你的身边。大部分人都专注于他们的欲望，无所作为地工作，以至于没有时间来思考少花时间和精力的方法。缺乏思考能力和做事方法的人，他们往往事倍功半，费力不讨好。

许多年前，当时有人正要将一块木板钉在树上当搁板，贾金斯便走过去管闲事，说要帮他一把。他说："你应该先把木板头子锯掉再钉上去。"于是，他找来锯子之后，锯了两三下又撒手了，说要把锯子磨快些。

于是他又去找锉刀。接着又发现必须先在锉刀上安一个顺手的手柄。于是，他又去灌木丛中寻找小树，可砍树又得先磨快斧头。

磨快斧头需将磨石固定好，这又免不了要制作支撑磨石的木条。制作木条少不了木匠用的长凳，可这没有一套齐全的工具是不行的。于是，贾金斯到村里去找他所需要的工具，然而这一走，就再也不见回来了。

无数的人的实践经验证明了这一点：单纯地努力工作并不能如预期的那

样给自己带来快乐，一味地勤劳并不能为自己带来想象中的生活。懂得思考，掌握方法，这是做事最关键的一点。身处于激烈激烈的社会中，同样一项工作任务，有的人可以十分轻松地完成，而有的人还没有开始就时不时出现这样或那样的问题。其中的关键，就在于前者用大脑在工作，想方法去解决问题。只有在工作中主动想办法解决困难、问题的人，才能成为公司中最受欢迎的人。

在生活中，我们不可能总是一帆风顺的，当遇到难题的时候，绝对不应该一味下蛮力去干，要多动些脑筋，看看自己努力的方向、做事的方法是不是正确。

从前有一个人，家境非常贫穷，生活困苦，他给国王当了多年的役工，累得瘦弱不堪，国王见了觉得他很可怜，就赏给它一峰死骆驼。这人得到这峰死骆驼，无比激动，想尽快品尝肉的滋味。于是他就动手给它剥皮，可是嫌刀子太钝，到处找磨刀石磨刀，后来在楼上找到一块，于是磨快了刀子，下楼来剥骆驼皮。

这样反复下楼上楼来回磨刀，他感到实在太疲劳了，不想一次又一次地反复楼上楼下跑，于是他就想把骆驼吊上楼去，凑近石头磨刀。可不管他怎么努力，由于楼梯太窄，就是不能把骆驼搬运上去。

看完这个故事，有人会讥笑这个役工，认为他头脑愚钝，不懂变通。然而，他不也是生活中许多人的真实写照吗？从小到大，在我们的美德中，努力与坚持都占据重要的位置。我们无一例外地被教导过，做事情要有恒心和毅力。“只要努力，再努力，就可以达到目的。”这样的观念根深蒂固地存在于某些人的头脑里。

一个人如果按照这样的准则做事，就常常会不断地遇到挫折和产生负疚感。由于“不惜代价，坚持到底”这一教条的原因，那些中途放弃的人，就常常被认为“半途而废”，那些另寻出路的人，也被人称作逃兵。

人活于世，仅仅知道做什么是不够的，因为人的命运取决于做事的结果，而结果取决于做事的方法。不掌握正确的做事方法，往往也是无用功。正确的方法比执着的态度更重要。调整思维，尽可能用简便的方式达到目标，选择用简易的方式做事，这是聪明人做事的方法。

偏离了原来的方向，也不算就此失败

生活不会一帆风顺的道理尽人皆知，无论顺境还是逆境，都要从容面对；无论获得还是失去，都要平静接受，这才是聪明人的活法。路就在脚下，不管过去多么暗淡，不管未来多么辉煌，一切的过去都以现在为归宿，一切的未来都以现在为起点！此时你已经在路上，你是否还一味执着地坚持，还是学会了适当地选择合理的通向成功的路径呢？

一谈到励志，理想总会被放在第一位。人有目标是好事，它可以使我们在行进之中不至于茫然失措、三心二意。理想的意义是无限的，但人不能光靠理想过日子，对年轻人来说，目标是远大，还是现实，是执着前进，还是另辟蹊径，在他们感到理想走入瓶颈的时候，这些问题总会困扰着他们，以致手足无措，任其发展。

李松从小热爱画画，大学毕业后，他出国留学继续深造。可是，由于生活的拮据，他不得不在读书之余，花费大量的时间打工赚取生活费。

后来，有人介绍了一份工作给他，就是帮宾馆修剪草坪。这个工作和画画可是大相径庭，不仅需要一把好体力，而且剪草坪的剪子还会把手磨得粗糙不堪。

起初他很不情愿，因为他的梦想是当一名油画家而不是园艺工人。但现实是不能由自己的意思决定的，他只好一次次地去到宾馆外面，对着草坪和灌木，不断地重复单调的工作。

在国外的三年时间里，他就这样一直靠帮各个宾馆修剪草坪谋生。渐渐地他发现，修剪草坪也并非总是那么枯燥。比如说，有一天，他不小心铲坏了一块草皮，想了想，他就把这块草坪修成了一幅画的样子，竟得到了人们的极力赞赏，他的薪酬也因此增加了一倍。慢慢地他开始喜欢修草坪这个工作了。后来，因为请他修剪草坪的宾馆太多，他不得不雇用了另外一些人，再后来，他有了自己的小商店。三年以后，他成立了自己的公司，这是一家专门帮人设计修剪草坪画的公司。

李松最初的执着追求让人敬佩，但如果当年他一味热爱美术，专心油画，而不去做其他工作，也许过不了多久就会坐吃山空，所学功课也会半途而废。可是，成功偏了那么一点点，它没有按照原来的人生规划前进，但是你能说他失败了吗？他所选择走的另外一条路却成功了。

不知道该如何选择时和没有权利选择同样可悲。人生是一条漫长的旅途，有平坦的大道，也有崎岖的小路；有灿烂的鲜花，也有密布的荆棘。在这个旅途上，每个人都有着自己或大或小的目标，如果你已经出发，那目标就是未来的人生方向，在一路奔波的旅途中，你是否怀疑自己偏离了原来的方向，是否依然在正确的轨迹上呢？

丘比克是高原上经营果园的果农，每年他都把成箱的苹果以邮递的方式零售给顾客。

一年冬天，高原上下了一场罕见的大冰雹，一个个色泽鲜艳的大苹果被打得疤痕累累，卡里比心疼极了。“是冒着被退货的危险寄货呢，还是干脆退还订金？”他越想越懊恼，并且歇斯底里地抓起受伤的苹果拼命地咬。忽然，他发觉今年的苹果比往年的苹果更甜更脆，汁多味美，但外表的确非常难看。“唉，多矛盾！好吃却不好看！”他辗转反侧，夜不能寐。

一天，他忽然产生了一个创意。第二天，他根据构想的方法，把苹果装好箱，并在每个箱里附了一张纸条，上面写着“这次寄奉的苹果，表皮上虽然有点受伤，但请不要介意，那是冰雹造成的，这是真正在高原上生产的证据呢！在高原，气温往往较低，因此苹果的肉质较结实，而且产生一种风味独特的果糖。”在好奇心的驱使下，顾客们都迫不及待地想拿起苹果，尝尝味道。“嗯，好极了！高原苹果的味道原来是这样！”顾客们交口称赞。

陷入绝望的丘比克所想出来的创意，不但化解了他面临的重大危机，而且还收到了大量专门订购这种受伤苹果的订单。

每个人的生活，都会像丘比克一样不时地遇到意外的侵袭，会遭受挫折的洗礼。原本你梦想的完美的计划，突然被干扰，无法继续实施下去时，你能够拥有这样的机智和聪慧吗？生活的挫折使你人生的航向发生转变，但你要记住，这是一次新的机遇，就连上帝也不能就此判断你已经走向失败。

努力启示

生活从不同情弱者，即使生活有一千个理由让你哭泣，你也要拿出一万个理由笑对人生。“不管风吹雨打，胜似闲庭信步。”只有这样才能保持一个平衡的心态，才能凭着自己破釜沉舟的斗志风雨兼程，才能勇往直前。才能开拓自己新的思路，寻找到新的出路。作为年轻人，未来拥有无限的生机，在勇敢地迈出一步步的时候，要记住，即使偏离原来的方向并不等于失败。

第 9 章

与众不同的背后，是日复一日的勤勉

人不是天生就具有这种才能的，即始终能知道一切。但是那些努力工作的人有这样的才能，他们寻找和精选世界上被错误定价的赌注。每一个与众不同的背后，是日复一日的勤勉和努力。

天道酬勤，勤勉的人会获得更多的机会

如果你是一个懒惰的人，那生活中的你大部分都在浪费时间，无所事事，即便是做一件事情，也是担心这个担心那个，或者找借口推迟行动，结果往往错失了机会和灵感，到了最后，嘴里却抱怨上天的不公平。正所谓“天道酬勤”，克制自己内心的惰性，当自己想偷懒的时候，鼓励自己再坚持一下，这样我们就可以如期完成目标了。

懒惰不仅是一个人成功的大敌，而且，它还是我们不良情绪的源头。在充满困难与挫折的人生道路上，懒惰的人过着极为单调的生活，在他们的生活里，只习惯于等、靠、要，从来不想发现、拼搏、创造，最终，他们不仅错过了多姿多彩的生活，而且将一事无成。

巴菲特是一个勤勉的人，在他童年的时候，他的追求是成为一个勤勉刻苦的报童。他曾一度每天要走五条路线递送500份报纸，主要是投送给公寓大楼内的住户。通常小巴菲特下午5：20出发，坐上开往马萨诸塞大街的公共汽车，有几次，巴菲特生病了，母亲不得不代替他去送报纸，母亲说：“取报纸、送报纸对他来讲真是太重要了，任何人都不敢碰他放钱的抽屉，一个硬币都不能动他的。”当成年的巴菲特再次回忆自己送报纸的经历，他这样说：“如果当年我不能成为一个勤勉的报童，又怎么会成为成功的投资家呢？”

中国有句古话：一屋不扫，何以扫天下？与巴菲特所说的话是一样的道理，当我们不能勤勉地工作，又怎么会为日后的成功打下基础呢？那些“一屋不扫”的懒惰者，最终会被埋葬在一屋子的灰尘中，再也发不出闪亮的光芒。

拒绝懒惰，努力才有可能成功。在生活中，很多人对未来有一个美好的愿望，但就是拒绝付出努力。那些懒惰的人实际上就是否定自己，把自己的生命一点点变得虚无。每个西点人都知道，懒惰作为一种习惯，浪费掉的是拯救自己的机会，这是比任何东西都宝贵的生命。懒惰是理想的绊脚石，每个人的生命和时间是有限的，有多少是因为懒惰而浪费的呢?

美国底特律有位妇人，名叫珍妮，她原本是一位极为懒惰的妇人。后来，她的丈夫意外去世，家庭的全部负担都落在她一个人身上。她不仅要付房租，而且还要抚养两个子女。在这样贫困的环境下，她被迫去为别人做家务。她白天把子女送去上学后，便利用下午时间替别人料理家务。晚上，子女们做功课，她还要做一些杂务。就这样，懒惰的习惯渐渐被克服了。

后来，她发现许多现代妇女外出工作，无瑕整理家务，于是她灵机一动，花了7美元买来清洁用品，为所有需要服务的家庭整理琐碎家务。这项工作需要她付出很大的精力与辛劳，她把料理家务的工作变成了一种技能，后来甚至连大名鼎鼎的麦当劳快餐店也找她代劳。

现在她已经是美国90家家庭服务公司的老板，分公司遍布美国很多个州，雇用的工人多达8万人。

珍妮的成功事例告诉我们，人们的贫穷大多是由于懒惰、贪图安逸、不愿意奋斗而造成的。假如一个人不愿意奋斗，自甘过着贫穷的生活，那他就永远无法摆脱困境，连上帝也没办法拯救他。

在现实生活中，有许多人贪图安逸而不愿意吃苦受累，结果，时间长了，就变得懒惰了。懒惰是生活中最大的敌人，许多悲剧的后果都是因懒惰而造成的。命运的好坏完全取决于自己，假如我们选择了勤劳，那我们通过最近的努力一定可以得到幸福，即便只有一点点是自己创造出来的，那也是一种幸福；假如你选择了懒惰，那你将终身和不幸、厄运、灾难成为伙伴，永远会是一个失败者。

努力启示

有人说：“世界上能登上金字塔顶的生物只有两种：一种是鹰，一种是蜗牛。不管是天资奇佳的鹰，还是资质平庸的蜗牛，能登上塔尖，极目四望，俯视万里，都离不开两个字——努力。”若是缺少了勤奋的精神，即便是天资

奇佳的雄鹰也只能空振双翅，而若是有了勤奋，即便是行动十分不便的蜗牛也可以俯瞰世界。靠着自己的双手去生活，远比依赖别人要踏实得多。在这个世界上，有太多懒惰的人，他们不思进取，总想着天上掉馅饼的事情发生在自己身上，最终却被自己的懒惰贻害一生。俗话说："早起的鸟儿有虫吃。"只要自己勤奋，那我们就一定会拼搏出属于自己的一片天空。

从未努力有什么资格说自己竭尽全力

成功是建立在全力以赴，尽职尽责做好日常工作的基础之上的。千万不要小看一些事情，因为它往往是决定成败的关键。做每一件事情，年轻人都需要全力以赴、尽职尽责，当他在完成一项事情的时候，不管结果怎么样，总是先问自己：在做这件事情的时候，自己是否考虑全面了，自己是否竭尽全力？这才是成功者通常的习惯，也正因为喜欢这个习惯，使得他们在每一次努力中总是能收获很多，因为每一个细节他都考虑到了，他从来不做半途而废的事情。

每个人都有极大的潜能，通常情况下，一般人的潜能只开发了2%~8%，即便是像爱因斯坦那样伟大的科学家，也只是开发了12%左右。

有一只品种优良的猎狗，被主人训练得十分壮硕，追捕猎物速度很快，而且反应非常敏捷。对于追捕猎物这件事，这只猎狗可以说是驾轻就熟，就好像熟练的渔夫捕鱼。

有一次，主人带着这只猎狗又去狩猎，老远发现一只狐狸，主人用枪射击，准头不够，让狐狸给逃脱了。主人一声令下，猎狗于是展开自己最拿手的追捕工作，不过，森林里全是狐狸的天地，它对路十分熟悉，跑得飞跑，不过，猎狗也不含糊。

狐狸看起来比较瘦小，跑不过猎狗，眼看就要被追上。突然，一个窜身，狐狸转往另一条路径去了，猎狗一不留神，身子受了点擦伤，有点痛。它一边舔着自己的伤口，一边想：唉！我追得这么累干嘛！追不到狐狸，我也不会饿到肚子啊！念头刚刚闪现在脑海里，它的速度已经慢了下来。这时狐狸又跑远了。

算了，现在早已经脱离了主人视线，反正主人看不到。猎狗有起了放弃的念头，速度又迟缓起来。

最后，狐狸终于脱离了猎狗的追捕。

一个人做任何事情，心中的意图强烈与否会大大影响最终的结果。猎狗没有饿肚子的疑虑，因此放弃的念头轻易闪现，总是想着自己的退路，所以他很容易就放弃了。而狐狸呢，对它而言却是一场生死竞跑，跑慢了就会没命，所以它不敢偷懒，它已经没有退路了，只有不断向前跑，才能活命。

眼前的苦与累又算得了什么呢？再苦再累，那只是暂时的，只要熬过了这段时间，那未来的日子是值得期待的，因为苦尽甘来，我们所能尝到的是成功的滋味。上帝总是在让你尝到快乐与幸福之前，习惯性地给我们一些考验，即便在我们看来这个考验的过程是又苦又累的，但只要我们全力以赴，努力支撑，即便遇到再大的困难与挫折，也选择不放弃，那我们就一定能品尝到成功的快乐。

在美国西雅图的一所著名教堂里，有一位德高望重的牧师——戴尔·泰勒。有一天，他向教会学校一个班的学生先讲了下面这个故事：

那年冬天，猎人带着猎狗去打猎。猎人一枪击中了一只兔子的后腿，受伤的兔子拼命地逃生，猎狗在其后穷追不舍。可是追了一阵子，兔子跑得越来越远了，猎狗知道实在追不上了，只好悻悻地回到了猎人身边。

猎人气急败坏地说：“你真没用，连一只受伤的兔子都追不到！”猎狗听了很不服气地辩解道：“我已经尽力而为了呀！”再说兔子带着枪伤成功地逃生回了家，兄弟们都围过来惊讶地问它：“那只猎狗很凶啊，你又受了伤，是怎么甩掉它的呢？”

兔子说：“它是尽力而为，我是竭尽全力呀！它没追上我，最多挨一顿骂，而我若不竭尽全力地跑，可就没命了呀！”

泰勒牧师讲完故事之后，又向全班郑重其事地承诺：谁要是能背出《圣经——马太福音》中第五章到第七章的全部内容，他就邀请谁去西雅图的“太空针”高塔餐厅参加免费聚餐会。《圣经——马太福音》中第五章到第七章的全部内容有几万字，而且不押韵，要背诵其全文无疑有相当大的难度。尽管参加免费聚餐会是许多学生梦寐以求的事情，但是几乎所有的人都浅尝辄止，望而却步了。

几天后，班中一个11岁的男孩儿胸有成竹地在泰勒牧师面前，从头到尾地按要求背了下来，竟然一字不漏，没出一点差错，而且到了最后，简直成了声情并茂的朗诵。

泰勒牧师比别人更清楚，就是在成年的信徒中，能背诵这些篇幅的人也是罕见的，何况是一个孩子。泰勒牧师在赞叹男孩那惊人记忆力的同时，不禁好奇地问：“你为什么能背下这么长的文字？”

这个男孩不假思索地回答说：“我竭尽全力。”16年后，这个男孩成了世界著名软件公司的老板，他就是比尔·盖茨。

当我们毫无保留，竭尽全力地去做一件事情的时候，结果往往是成功的。在生活中，这样的例子是很多的，有些事情从表面上看是极其困难的，但只要我们全力以赴，不保留，不妥协，不总是想着自己还有退路，那我们最终是可以成功的。在很多时候，我们之所以失败了，不是因为路途太艰难，而是我们丧失了继续前进的勇气，也就是说，我们没付出全力。

努力启示

只有不留退路，才更容易找到出路。反之，如果你总是想着退路，就很难获得成功。一个人若是太纵容自己的懒惰和欲望，就很容易迷失方向。或许，有人会说，不留退路是不明智的选择，有了退路，才能在危险的浪潮中获得更多生存的机会，然而，人们很容易忽视，对于大多数人而言，退路往往是诱惑人、蒙蔽人的因子，只要想到了退路，就会觉得这次不全力以赴还会有下次机会，而在这个时候，成功往往与我们失之交臂。

那流着泪出去的，必要欢欢乐乐地回来

一个人的成功是跟他是否勤勉是有重要关系的。如果一个人是勤奋的，那么他就拥有了成功的机会；如果一个人是懒惰的，那么他就一定不会成功的。他们通常认为，勤勉和成功是互相制约的，经常会有很多人因为自己的勤勉而成功，但却很少有人因为懒惰而成功。虽然你的勤劳并不一定会给你带来成功，但是无论如何，每个人都要辛勤工作，因为这是导致成功的最基本的条件。《圣经》中有两句话："流泪撒种的，必欢呼收割。"远古的时候，犹太人为了生火，就要花很长的时间去摩擦木头或者石头；要吃果实，就要爬到很高的树上去摘。而如果能够成功地生起一堆火，能够成功地摘得果实，那么成功背后一定有辛苦。

《羊皮卷》这样劝告世人："最难受的工作是无所事事，最愉快的工作是人们忙于工作。"巴菲特崇尚工作，他十分讨厌整天无所事事，到处游走，那是他觉得很难受的事情，而如果整天勤勉甚至紧张地工作才是他所喜欢的。巴菲特成功秘诀之一就是努力培养自己勤勉的习惯，因为那是成功的关键，而正是这种"成事在于勤，谋事须忌堕"的精神成就了巴菲特的成功。

哈德良皇帝看见一个老人正在努力工作，他在种植无花果树。于是，他问老人道："你是否期望自己能够享受果实呢？"

老人回答说："如果我不能活到吃无花果的时候，我的孩子们也将会吃到。或许上帝会因此特赦我。"

"如果你能够得到上帝的特赦，吃到这棵树的果实，那就请你告诉我。"皇帝对他说。

随着时间的逝去，果树果然在老人的有生之年结出了果实，老人装了满满一篮子无花果去见皇帝。见到皇帝，他说："我就是你看见过的那个种无花

果树的老人，现在无花果成熟了，这些无花果是我的劳动成果。”

皇帝命他坐在金椅子上，把他的篮子里装满了黄金。可皇帝身边的仆人表示反对：“您想给一个老人那么多荣誉吗？”

皇帝回答说：“造物主给勤劳的人以荣誉，难道我就不能做同样的事吗？”

皇帝说的很对，上帝和人们通常都是把奖赏给那些勤勉的人。因为老人的勤劳，所以他得到了上帝的特赦，在自己的有生之年吃到了无花果。在犹太人看来，懒惰将会使一个人一事无成，所以他们选择了勤勉，只有勤勉的人才会尝到胜利的果实。

在美国，斯蒂芬·金在一年之中的每一天里，几乎都重复着做同一件事：天刚刚亮，就伏在打字机前开始一天的写作。他是国际上知名小说大师，然而他的经历却非常坎坷，他曾经潦倒到连电话费都交不出，电话公司因此掐断了他的电话线。后来，他成了世界上著名的恐怖小说大师，每天约稿不断，经常是一部小说还在他大脑里的构思着，出版社就将高额的定金给他了。

现在，斯蒂芬·金也算是世界名人了，但是他依然在勤奋的创作中度过。他的秘诀很简单，只有两个字：勤奋。一年之中，他仅有三天的时间不写作：生日，圣诞节，美国独立日。在他看来，勤奋工作给自己带来的最大好处是源源不断的灵感。

世界闻名的犹太人在孩子们小时候就开始培养他们勤勉的习惯，这有利于孩子们更早地意识到勤勉的作用。他们会明白，如果你很懒惰，那么就什么也得不到；如果你是个勤奋的人，就能够得到奖赏。因为从小树立起来的观念，会让他们在成长的路途中，更懂得怎么认真地去做每一件事。

努力启示

韩愈曾说：“业精于勤荒于嬉，行成于思毁于随。”一个人要想成就一番事业，一定要守住“勤”字，忌掉“惰”字。面对你的生活或者事业，你用什么样的态度来付出，就会得到相应的回报。如果你以勤付出，回报你的，也必将是丰厚的硕果。相反，那些懒惰的人，生活是不会赐予他任何东西的。懒惰的人是思想上的巨人，行动上的矮子。如果你懒惰地面对你的人生，那么其实就是把自己的生命一点点送入虚无。一个成功的人，是不会让懒惰有任何机会的。

别想一下就造出大海，必须先由小河川开始

年起人总是被告诫：“别想一下就造出大海，必须先由小河川开始。”世界上没有一步登天的奇迹。所以年轻人必须恪守“脚踏实地”的原则，做任何事情都是循序渐进，就好比投资。如果要想获得成功，就必须从一件小事做起，哪怕是一件微不足道的小事，只专注于现在所拥有的工作。根据大量投资经历可以得出：用投机取巧的方法来获得成功，那是永远不可取的。可能你在短时期内能获得一两次的成功，但是不能获得长久的成功。年轻人需要通过慢慢添加一砖一瓦，踏踏实实地坚守自己的位置，最后建造出属于自己的美丽城堡。

人就应该从基础工作做起，认真完成每一项工作。人们应该通过认真工作来磨炼自己的情操，从来不好高骛远，而是坚守脚踏实地的工作态度，这样才能逐渐地积累自己丰富的阅历和宝贵的工作经验，而这对于以后从事更富有挑战性的工作是一个准备。当他们最后面对比较复杂的工作的时候，依然能够胸有成竹地去完成它。“工作无大小”。面对任何一件工作都需要我们去认真对待。只有当你用心去面对一切的时候，才能够做到认真处理每一件事情，这样才能为自己积累更多的经验，也才可以把领导交给我们的任务完成。

哈同在 1872 年独自一人来到中国上海谋生，当时他只有 24 岁。他看起

来是一个年轻力壮的青年人，但是他身上除了自己穿着的衣服以外一无所有。他既没有一点资本，而且还不懂专业知识和技术。但是他来中国是赚钱发财的，于是，他结合自身的情况，决心从一个立足点开始。

他凭着自己长的魁梧高大，在一家洋行找到了一份看门的工作。哈同并没有为自己的这份工作感到丢脸。他认为通过自己为别人看门赚来的钱也是一种报酬，并没有使自己失去身份。他希望把这份工作作为一个立足点，通过自己的努力奋斗，积蓄力量，以后终会找到能赚更多钱的路子。

哈同对自己的工作非常认真，忠于职守。另外，他还常常利用自己晚上休息的时候阅读一些经济和财务的书籍，来增加自己的知识。老板渐渐发觉哈同是个出色的员工，而且很聪明，于是就把他调到业务部门当办事员。哈同一如既往地工作，业绩也越来越突出，逐步被提升为行务员、大班等。这时候，他的收入已经大大增加了。可是满怀志向的他并没有知足。他想拥有自己的企业，于是，在1901年他找理由离开了工作岗位，自己开始独立经营商行。

哈同自己创办的商行取名为“哈同商行”，他主要以经营洋货买卖为主，他独特的眼光使他发现洋货在中国市场上的竞争品不是很多，而消费者就难以“货比三家”。因此，他通过市场神不知鬼不觉地获得了高额利润，使自己的商行越办越大。

哈同能够从一名看门工做到了商行的老板，正是体现了“脚踏实地”做人的智慧。一个看门工，可能是大多数人都瞧不起的活，更是别人不愿意干的，他们觉得自己相貌堂堂，年轻高大，怎么会屈于当站门雇员。可是哈同不这么认为，他会认为这是他成功的一个起点。我们仔细注意到哈同的工作历程，就不难发现他成功的秘诀，那就是“脚踏实地，循序渐进”。他对自己的每一份工作都做到勤勤勉勉，忠于职守，并且不是急于求成，而是循序渐进地做下去，慢慢登上成功的宝座。

大多数成功人士都是白手起家达到成功的，在最刚开始的职业之初，他们一般都是从事最底层的工作。但是他们并没有为自己位于底层而气馁，相反，他们正是把底层作为他们自己的展现平台，也是成功的开端。无论他们的工作是多么的平凡还是多么的不起眼，他们都能够将那些看似普通而又细微的工作干得很出色。

努力启示

年轻人经常被告诫说：“罗马不是一天建成的。”而成功者也正是坚信这样的道理，所以才能够在赢得成功。中国也有句相似的格言“千里之行始于足下”，它们所表达是同一个意思。我们在面对任何一件事情的时候，都要脚踏实地，才能做到循序渐进，才能获得最后的成功。正可谓“一屋不扫，何以扫天下”。凡成大事者需要从小事做起，踏踏实实地做好生活中的每一件事，小事做多了就成大事了。

行动的天敌常常是你的拖延

行动的天敌常常是拖延，而能够停止拖延的最好办法就是马上付诸于行动。犹太人只占全世界人口的百分之一，但全球百分之七的财富都掌握在他们手中。这其中的一个重要原因，就是犹太人学会做行动的主人。犹太人做任何事情都尽自己最大的努力，从来不把今天的事留给明天。时刻谨记“今日事，今日毕”。

成功者的时间观念很强，所以他绝不会拖延时间，也不会浪费时间，他总是致力于把一件事做好。如果他认定是今天必须要完成的事情，他就会竭尽全力地去完成它，哪怕别人已经下班了，他还是会坚持把事情做完才下班。这就使得他养成了做事严谨、珍惜时间的习惯，这也成为他能够成功的一个重要条件。

马克·吐温曾经说过：“如果你每天早上醒来之后所做的第一件事情是吃

掉一只活青蛙的话，那么你就会欣喜地发现，在接下来的这一天里，再没有什么比这个更糟糕的事情了。”

有人引申出了“吃青蛙”的两个规则：一就是如果你必须吃掉两只青蛙，那么要先吃那只长得更丑陋的。简单地说，假如在一天里我们面临了两项重要的任务，那么我们应该先处理更重要的你一项，即使重要的任务总是棘手的。养成这样的习惯，而且一开始就要坚持到底，完成一个目标再接着开始另外一个目标。

二是如果你必须吃掉一只活的青蛙，那么即使你一直坐在那里并盯着它看，也无济于事。摆在面前的即使是一件非常难做的任务，我们也需要立即行动，你漫无目的地思索，以及任由内心惰性的滋长只会浪费更多的时间，这可以使我们养成不假思索、立即行动的勤勉习惯。

为了完成既定目标，提高自己的工作效率在于立即行动，即“吃掉那只青蛙”所阐述出来的理论：每天早上要做的第一件事情，就是对你来说最重要的那件事情，并使之成为一种习惯。这样时间久了，自然就能养成“今日事，今日毕”的好习惯。通过大量的研究表明，那些成功人士身上最显著的共性是“说做就做”。一旦他们有了明确的目标，就会立即展开行动，一心一意、持之以恒地完成这项工作，直到完成目标为止。

如果你走进成功者的办公室，你就会发现在他的办公桌上，你是看不见有“未决”的文件的。他们的时间观念都极强，他们绝对不会浪费时间。在他们“今天的事情今天完成”的观念里，积压文件的做法是非常不可取的。因为如果一旦发现在办公桌上有待批的文件，里面就极有可能有一批是极其重要的。如果没有按时把它们处理了，就会有可能耽误很重大的事情，而这是变相地在浪费时间。

金钱能够储蓄，而时间不能储蓄。金钱可以从别人那里借，而时间不能借。人生这个银行里还剩下多少时间也无从知道。因此，时间更重要。用投资来作比喻，投入多少不能用金钱来衡量，而是用时间要计算。在时间和金钱这两项资产中，时间显得更为重要。只有时间才是最宝贵的，一个人如果当你认识到时间的宝贵的那一刻，你也会变得富有。由于时间观念极强，所以无论是在生活中，还是在工作中，都极为珍惜时间。所以年轻人做任何事情的原则就是今天能完成的事情绝对不会拖到明天。

懒惰是借口的根源，如果我们不再为自己找借口，那就必须让自己变得勤奋起来。生活给我们每个人一样的平台，谁跑得快，谁就能第一个站在台上接受鲜花和掌声。假如你跑得慢，就只能在后面忍受别人的讥讽。因此，假如你跑得慢，就需要比别人更勤奋一些。懒惰是一种习惯，勤奋也是一种习惯，既然都是一种习惯，为什么不把自己变得勤奋一些呢？

细节成就完美，完美铸就成功

成功不可漏掉细节。米开朗琪罗曾说："在艺术的世界里，细节就是上帝。"细节决定成败，只有关注细节，才能走向成功。如果我们想要成就一番事业，必须从简单的事情做起，从细微之处入手，一点一滴养成注重细节的好习惯。在生活中，许多人知道细节的重要性，但却不愿意去注意细节，因为他们太习惯于高调地生活，而只有那些安静做事的人，才会安心、踏实地强调细节，因为他们已经认识到，注重细节是一种好习惯。

每天一点一滴养成注重细节的好习惯，不仅能够让我们快速进步，而且还将大大地影响你的性格、品行和自尊心。任何人假如想要成功，就一定要养成注重细节的好习惯。不管我们到了哪里，一个注重细节的人，总是受人欢迎的。在生活中，我们应该努力把任何细节都处理得至善至美，对于任何事，我们都需要倾注全部精力去做。

巴菲特在耶鲁大学读书的时候，有一次，有位同学问他花费了多少时间

去准备考试。在巴菲特回答之前，那位同学说："我认为只要花五个小时来准备就足够了。"不过，巴菲特却是这样回答的："我无法回答你我到底花了多少时间来准备这次考试，但是我可以告诉你的是，我一直在读书、温习功课。"当时，巴菲特觉得自己只是来自一个偏远小镇不太有名气的高中，与班上其他同学相比，自己基础肯定会很薄弱。因此他想要获得优秀，就一定要比那些同学更细心，更用功。对此，巴菲特说："我尽可能地多读书，我从来不认为有'我已经准备得够好了'这回事。"

而在给女儿苏茜的信中，巴菲特更是说到了"细节"：假如你喜欢并且关心自己所做的事情，你自然会把它们做得最好。投资和生活一样，细节往往是成功和失败的关键。所以你不能忽略任何细节，不管它看似多么的无关紧要，你必须搜寻、验证每一个信息，只要与你投资决策有关，就绝对不能掉以轻心。任何让你觉得不安的问题或者感觉，你都要找出答案来。大部分人之所以不成功，原因往往出在他们的研究不够彻底，只看到他们手边的信息。唯有系统化、巨细靡遗的研究，你才会得到成功所需要的知识。当然，这需要勤奋地下苦工夫，但是这种努力的回报足以使你比别人更占优势。"

有时候，往往是细节上的失误，将会影响整个大局，甚至是生死。细节决定成败，这话说得一点儿都没错。手表若是少了一个齿轮会转吗？电脑若是少了一个零件还能用吗？火箭若是少了一颗螺丝还能上天吗？细节往往容易被我们忽视，但却是这样一个小小的细节却往往决定着成与败、生与死。

玛丽大学毕业了，很幸运地被一家中等规模的证券公司录用，她憧憬着大展拳脚。然而，走上工作岗位才发现，对于新人，公司安排的实际工作并不多，倒是往往有很多杂七杂八的事情，像是发报纸、复印、文件整理等等。

一起来的新人们觉得自己是大学生怎么可以做杂活，而且感到很丢脸，又觉得公司不重视自己，免不了满腹牢骚，便经常找借口推脱。玛丽心里也觉得有些委屈，回家就和有着温婉个性的母亲说，身为职业女性的母亲笑了笑说："小事不做，焉能做大事。须知，由细微处方见真品性。"

于是玛丽不再和大家一起发牢骚，见到别人不愿意做的琐事，她便接过来做，一下子就忙碌了起来，有时甚至要加班。其他新人有些笑她傻，说有时间就多休息休息不好吗？有些说她爱表现，说不用那么拼命。不过，不论别人怎么说，玛丽就是笑而不语。

其实，玛丽一点一滴的工作，部门主管看在眼里，便开始逐渐选择一些专业的工作给她。公司的老员工也喜欢这个手脚麻利、不挑三拣四的“傻女孩”，平时也颇乐意将自己多年的工作心得传授给她，并将公司人际关系上的微妙之处向玛丽点拨。慢慢地，玛丽在工作上越来越顺手了，在人际交往上的分寸也把握得很好。有了这样的帮助，玛丽很快成为了第一批转正的新人，而且得到了她最向往的岗位。

在日常工作中，我们有没有认认真真地做好过这样每一件事情呢？有时候，一个注重细节的习惯就可以改变我们的人生。假如我们要想过一种美满愉快的生活，就必须做事精益求精，力求完善。当一个人把事情处理得顺顺当当、无牵无挂的时候，其内心的愉悦感是无法形容的。在生活中，许多人往往不肯把事情做得尽善尽美，只用“足够了”“差不多”来搪塞了事，结果因为这样没把事情的根基打牢，过不了多少时间，就像一所不稳定的房屋一样倒塌了，而失败的祸根，就是养成了不注重细节的习惯。

努力启示

从古至今，有多少人因忽视细节而错失良机，与成功失之交臂。一个铁钉可以毁掉一个王朝，一个小数点也可以造成一艘飞船的事故，等等。那些我们看似很细小的事情，其实在经过一些变化之后，它所爆发出来的破坏力是惊人的。小事成就大事，细节成就完美，生命因为有了细节，才充满了惊喜。在生活中，我们要积累细节，重视细节，如此让我们的人生更充实，更完美。

第 10 章

情绪管理，别让它改变了努力的节奏

努力需要与坚韧并行，才能达到最终的成功。然而，努力的过程中最怕情绪的突然打扰，当一个人处于消极的情绪之中，他是没办法将精力集中在努力之上的。所以，年轻人，在努力的同时做好情绪管理，别让情绪改变了努力的节奏。

生命中有阴影，请让阳光照射进来

金斯利说：“太阳底下所有的痛苦，有的可以解救，有的则不能，若有就去寻找，若无，就忘掉它。”生活中，很多时候，由于环境或者其他一些原因，我们感到心里荒芜，内心满是孤单，这种情绪就像赶不走的影了，时刻伴随着我们，令我们感到恐惧与绝望。孤独，是一种心境，那是一种似乎全世界都抛弃了自己的感觉。如果想要摆脱孤独折磨的滋味，需要依靠和煦的阳光填满内心的空洞，这样我们就不会再感到孤独，而是感受到阳光带来的温暖。

年轻人在普普通通的生活中，在一个熟悉的单位里，天天重复同样的生活，朝夕复朝夕，心境是否会被蒙上一层淡淡的尘埃呢？我想这是难免的，许多人都会有身心倦怠、目光空洞怅惘的时候，如果你不及时调整，心灵必然会被灰尘蒙蔽，也感受不到任何的快乐。在平凡的日子里穿梭，用平凡人的心境去容纳生活，你的生活中会处处开满鲜花，令你的人生芬香四溢。只因生活中太多的普通人拥有着这样的心境，及时抚了生命的倦意，才明白“飞花漫卷人生路，彩云尽渡仍从容”的人生写意，才有了普通人创造的日新月异的生活。

有位中年人从事了二十年的邮差工作，每天，他往返五十里的路程，日复一日地将忧欢悲喜的故事送到居民的家中。一晃二十年过去了，村庄里的人和事物都经过了几番变迁，只有邮局到村庄这条道路，从过去到现在，始终没有改变。每一次，邮差经过这条道路，心里都会想：这样荒凉的路还要走多久呢？太阳照着大地，中年邮差的身影孤独地走在道路上，悲凉而又迷茫。

邮差一想到自己必须在这条没有花没有树，而且充满尘土的路上，踩着脚踏车度过自己的一生的时候，心中总是充满着遗憾，这二十年来，他第一次感觉到孤独的滋味。有一天，中年邮差送完了信，满脸心事重重，正准备回家的时候，路过一家花店。邮差心中不禁一动：对了，就是这个。邮差走进了花店，买了一把野花的种子，第二天，邮差带着这些种子撒在自己往来的路上。就这样，经过了一天，两天，一个月，两个月……邮差持续撒播着野花种子。

没过多久，在那条邮差已经来回走了二十年的荒凉道路上，竟然开出了无数的花朵，有红色的，有黄色的，四季盛开，永不停歇。花香对于村庄的人们来说，比邮差送达的任何一封邮件都开开心。那条道路不再充满灰尘，而是充满了花瓣，中年邮差骑着脚踏车，吹着口哨，他不再是孤独的邮差，也不再是愁眉苦脸的邮差，而是满脸洋溢着幸福与快乐的邮差。

一位年轻的老师被派遣到山区的小学为学生们带一个星期的课，刚开始，年轻老师满怀热情，希望自己与学生们度过一周愉快的时光。然而，很快他就感到了孤独与失望，这一个星期真是糟糕透了，孩子们既粗野又不爱完成作业，老师感觉到自己很孤单，在最后一节课上，年轻老师对学生们说：“现在我知道了，我不能和孩子们在一起，我不适合这个工作。”这时，一位学生告诉老师：“我想为这一个星期感谢您，感谢您教给我们许多知识，您知道，以前我从来没有听到过树林中的风声，它是那么可爱，我永远也不会忘掉它。这是我为您写的一首诗，我差点没有勇气把它给您。”说完，孩子从口袋里掏出一张纸递给了老师，然后就跑走了。那一瞬间，年轻老师感到自己心里洋溢着满满的阳光，自己再也不孤单了。

努力启示

心灵是一座宝库，在这里只应留有美好与智慧，而不是收藏垃圾，或浸满孤独。哲人说：“要想除掉旷野里的杂草，方法只有一种，那就是在上面种满庄稼。”那么，如果想要摆脱内心孤独的束缚，我们应该敞开心扉，让和煦的阳光照射进来，这样，孤独才会无处遁形。

将别人的鼓励随身携带，以舒缓紧张的精神

马克思曾说："一种美好的心情比十服良药更能解除生理上的疲惫和痛楚。"然而，在现实生活中，有一种情绪时常困扰着我们，诸如独自登台表演或演讲的时候、与陌生人沟通的时候、在公众场合说话的时候，等等，诸如这些场景，紧张的情绪会冒出来困扰我们，影响我们的一举一动。有时候，紧张的情绪使我们怯场，内心有了退缩的念头；有时候，紧张的情绪会让我们心中大乱，最终以失败而收场。总而言之，紧张的情绪似乎总是跟随着我们左右，势必要影响我们的言行举止才罢休，紧张，总是有意或无意地干扰着属于自己的优雅，在紧张的心境下，我们似乎没有办法做好任何事情。所以，要想保持一份优雅，要想拥有一份美好的心情，我们应该努力克服内心的紧张情绪。

林肯当选为美国总统后，复杂而令人头疼的政事使他患上了抑郁症，在患病的那一段时间里，林肯经常失眠，内心时刻充满着紧张的情绪，甚至，他对自己的生活感到了绝望。每一次会议或者讨论，林肯都沉默不语，并不是他习惯于如此，而是源于内心的紧张。后来，心理医生建议他"重新找回自信"，然后，在医生的帮助下，林肯喜欢上了剪报。每天，他都会剪下报纸里对自己的赞美之词，然后揣在口袋里，这样，内心紧张的情绪就会减弱一点。每当有重大会议召开之前，林肯都会心情紧张，这时，他就会从口袋里掏出剪报，鼓励自己。"将别人的鼓励随身携带，以舒缓紧张的精神"，林肯一直到死都保持了这个良好的习惯。就在林肯不幸遇刺后，人们从他的上衣口袋里，发现了那些赞美他的剪报。

一位曾被紧张情绪困扰的人这样说道："过去的我，性格非常内向，每天都感觉特别紧张，活得十分痛苦，虽然，我尽力伪装自己显得很正常，但是，我非常清楚自己的心境是处于病态中，当逃避和伪装让自己不胜疲惫的时候，我终于选择了面对，心里越是害怕与人沟通，我就越要与人主动沟通；越是不喜欢人多的地方，我就越给自己机会来面对人群。在这种与自己抗争的艰辛历程中，我得到了前所未有的历练和成长。”其实，紧张的情绪对于我们来说，并不可怕，只要我们鼓起勇气，就能够克服内心的恐惧，从而使自己变得优雅起来。

赵治勋被日本人称为“棋圣”，他在围棋界占据着极其重要的位置。然而，即使是这样一位大师也会紧张，在每一次激烈的对弈中，赵治勋都感到异常紧张，而一紧张就很容易出错。因此，为了缓解内心的紧张情绪，赵治勋总是要求工作人员准备一大堆火柴和废纸，在对弈的时候，他通过撕废纸和玩折火柴来舒缓自己紧张的情绪，这样，他才能将棋局运筹帷幄，最终赢得比赛。其实，紧张的情绪并不是普通人所特有的，而是每一个人都有的一种心境，无论多么伟大的人，他们都未必能完全摆脱紧张的束缚。但是，只要他们能找到恰当的放松方式，我们就可以轻松地战胜内心的紧张情绪，最终赢得完美的胜利。

世界著名的男高音帕瓦罗蒂曾参加过无数次演出，仅在美国纽约大都会歌剧院，他的演出就达到了 379 场。但是，像这样一位世界著名的艺术家在每次登台的时候，也忍不住产生紧张情绪。帕瓦罗蒂认为自己的紧张情绪可能是遗传于父亲，其父亲是一位具有男高音天赋的人，但由于太过紧张而无缘舞台。但是，为了使演出显得更加完美，帕瓦罗蒂必须克服内心的紧张情绪。

刚开始的时候，帕瓦罗蒂通过暴饮暴食来摆脱紧张的情绪，每一次上台演出之前，他都要大吃一顿，这样才能缓解内心的紧张情绪。但是，暴饮暴食使自己变得肥胖，而且，医生也对他发出了最后警告：“再这样吃下去，你将会有生命危险。”帕瓦罗蒂无奈放弃了这种方式，转而寻找另外一种摆脱紧张情绪的方式。后来，他开始依赖一枚钉子。原来，在帕瓦罗蒂的家乡，流传着这样一个传说：生了锈的弯钉子会给人带来好运。帕瓦罗蒂相信这一传说，以后，在每一次的演出之前，帕瓦罗蒂都会在后台昏暗的灯光下寻找

一枚弯钉子。如果在演出开始，他还没能够找到一枚弯钉子，那么，哪怕这场演出的报酬再高，帕瓦罗蒂也会拒绝出演。因为他的这一习惯，不仅得罪了无数的朋友，而且，造成了美国芝加哥歌剧院永久地拒绝了他。后来，帕瓦罗蒂的这一习惯被慢慢传开来，那些承接帕瓦罗蒂演出的单位都会特意为他留一枚钉子。

摆脱了紧张的情绪，帕瓦罗蒂优雅地完成了每一次演出。

对于许多赛车手来说，彼此之间都有一个心照不宣的秘密，那就是许多人都会因为比赛过度紧张而尿裤子。舒马赫在赛车界中是数一数二的人物，然而，即使是这样一位大名鼎鼎的赛车手，他在每次比赛时也会紧张。于是，为了缓解自己的紧张情绪，在每一次比赛之前，舒马赫都会玩一玩电子游戏，这样，他才能更加优雅地玩转赛车。

努力启示

在生活中，要想克服紧张的心理，我们就应该努力把自己从紧张的情绪中解脱出来。心理学家认为：有效消除紧张心理，从根本上说是要降低对自己的要求，一个人如果十分争强好胜，每件事情都追求完美，那么，常常就会感觉到时间紧迫，内心自然充满紧张。而如果我们能够清楚地认识到自己的能力，放低对自己的要求，凡事从长远打算，这样，心情自然就会放松。

无法摆脱焦虑和恐惧，就只能承受它吗

有个人可以称之为焦虑和恐惧的典型人物，据说，他已经囤积了数吨粮食，以防天灾。有人好奇地问：“如果是发生旱灾，水比粮食更重要。”他却微笑着说：“没事，家里已经挖了好几口井了。”旁人大惊，后来，听说他不

囤积粮食了，可是，理由却是十分牵强的，他这样告诉所有的人："我听见许多人都在说，如果发生天灾了，大家就会来抢我的粮食，我想告诉大家的是，现在我已经不囤积粮食了。"看到这里，每个人都会忍不住微笑，这个人的焦虑心理和恐惧心理简直达到了极致。虽然，我们常说"防患于未然"，但是，对未来过分地焦虑与恐惧，则成为了一种心理负担，这样导致的结果就是，以后的每一天我们都将在担惊受怕中度过。

康尼·麦克是美国棒球名将，他曾遭受焦虑的困扰，后来，康尼摆脱了焦虑症，停止了没有理由的恐惧，使他变得既长寿又健康。康尼这样回忆道："刚开始打棒球的时候，根本没有钱可挣，而且，常常被空罐子或马具绊倒，等到球赛结束了，我们就用空帽子向观众收点小费，以供养母亲，养育幼小的弟弟妹妹，那点钱是绝对不够的，有的球队就只靠草莓充饥。我有足够的理由焦虑，我是唯一连续 7 年排名最后的棒球队经理，也是 8 年里唯一输过 800 场棒球队的经理。以前一连串的挫败令我焦虑到不吃不喝，但是，后来，我决定不再焦虑了，如果不是当时就停止忧虑，我早就躺在棺材里了。"

在受焦虑困扰的日子里，康尼发现焦虑对自己毫无益处，只会危害自己的事业，而且，还会危害自己的健康。后来，他逐渐发现了克服焦虑和恐惧的方法：忙着为未来赢球作策划，没有时间去焦虑和恐惧已经输了的球局；绝不在球赛结束后 24 小时内批评球员的错误。原来，康尼以前总是叫球员来训话，后来，他逐渐发现，如果已经输了球，责备和争论都没有意义了，只会增加他的焦虑和恐惧。于是，康尼决定输球之后，绝不马上去看球员，要到第二天才跟大家讨论失败的原因，这样到了第二天，康尼已经很平静了，这样看来那些失误好像没有那么严重，他可以冷静地讨论。这样过了一段时间，他发现内心的焦虑和恐惧已经慢慢消减了。甚至，康尼认为，自己长寿的秘诀就是"停止焦虑和恐惧"。

焦虑和恐惧给我们生活所造成的影响是不容忽视的，焦虑对我们毫无益处，只会危害自己的生活和事业，而且，还会危害自己的健康。与其花费大量的精力和心思去焦虑和恐惧，不如好好经营自己的生活，把精力和心思转

移到生活上来，这样，自然而然就摆脱了焦虑和恐惧，从而获得一种轻松而美好的生活。

现代人越来越焦虑，在内心里隐藏着一种恐惧，既担心自己的生存状况，又惧怕生老病死。长久以往，原本健康的身体被心理折磨得奄奄一息，其实，心理不健康是导致身体不健康的主要因素。比如，有的人身体感到不舒服时，就老是怀疑自己生了病，整天陷入恐慌之中。其实，在很多时候，这些只是小病或者根本就没有疾病，而是源于内心的焦虑和恐惧。当然，心病还得心药医，不要猜疑自己的健康，保持健康的心理，心病自然就会消除了，让那些焦虑和恐惧在阳光下消失吧！

吉姆是一位年轻的汽车销售经理，他的前途充满了无限希望。但是，吉姆的情绪却非常绝望，意志消沉，他觉得自己要死了。甚至，他开始为自己挑选墓地，为自己的葬礼做好了一切准备工作。其实，吉姆的身体只是出了一点小问题，有时候会呼吸急促，心跳很快，喉咙梗塞，医生规劝："你只需要坦然处理生活，退出自己热爱的汽车销售行业就行了。"

吉姆在家里休息了一阵子，但是，他还是满是焦虑和恐惧，于是，他的呼吸变得更加急促，心也跳得更快，喉咙依然梗塞。这时，医生劝他到外面去透透气，吉姆照做了，但依然无法阻止内心的焦虑和恐惧。一周过去了，吉姆回到家里，他感觉死神快降临了。朋友告诉吉姆："赶快打消你的猜疑！如果你到明尼苏达州罗切斯特市的梅欧兄弟诊所，你就可以彻底地弄清病情，而不会失去什么，赶快，立即行动。"吉姆听从了朋友的建议，他来到了罗切斯特，实际上，吉姆担心自己会在路途中突然死亡。

在梅欧诊所，医生给吉姆做了全面检查，医生告诉吉姆："你的症结是吸进了过多的氧气。"吉姆先是一愣，然后大笑了起来："那真是太愚蠢了，我怎样对付这种情况呢？"医生说："当你感觉呼吸困难、心跳加速的时候，你可以向一个袋子呼气，或者暂时屏住气息。"医生递给吉姆一个纸袋，吉姆照办了，结果，他发现自己的心跳和呼吸都变得很正常，喉咙也不再梗塞了。当他离开诊所的时候，他已经变得容光焕发，原来这一切的症结都是因为内心的焦虑和恐惧。

长期的焦虑和恐惧会让我们相信，某个想象中的事情变成现实，然而，就是在这样的消极心理中，那些预感中会发生的事情还是发生了，到最后，我们的焦虑和恐惧越来越严重，以至于身体真的出现了疾病。心理不健康，诸如焦虑或恐惧，到导致我们的身体不健康。所以，远离焦虑与恐惧，保持身心健康。

努力启示

焦虑和恐惧是现代社会普遍存在的心理疾病，它源于工作压力、人际关系、经济问题、孤独以及交通阻塞。每天，我们都饱受着生活压力的困扰，可能或多或少都有焦虑恐惧的经历，然而，可能许多人都没有意识到，长期的焦虑会引起抑郁症，这是一种病态的心理，不仅会给我们的健康带来损害，而且，还会感染到身边的人。所以，以积极乐观的心态面对生活，让焦虑和恐惧都消失在阳光下吧！

成功的最大敌人是缺乏对自己情绪的控制

智者说:“在成功的路上，最大敌人其实并不是缺少机会，或是资历浅薄，成功的最大敌人是缺乏对自己情绪的控制。”弱者任思绪控制行为，强者让行为控制思绪。在困难面前，许多人容易心浮气躁，进行了多次挑战都无法战胜困难，他们就会变得气急败坏，在他们心灵深处，有一种力量使他们感到茫然、不安，让他们无法冷静地思考，这种力量就是愤怒、生气。生气不仅仅是成功最大的阻碍，而且还是各种心理疾病的根源，并不断地影响我们的日常生活和工作。

一个人在愤怒的那一瞬间，智商是零，过一阵子才会恢复正常，而这将对我们的正常思维造成恶劣的影响，没有办法冷静下来，从而没有办法思考出解决问题的有效方法。在任何时候，一个人都需要冷静，尤其是在困难面前，冷静使人清醒，它能够使人有条不紊、沉着地应对所发生的一切。所以，面对困难，不要气急败坏，只有冷静才能让我们转败为胜。

有一天，陆军部长斯坦顿来到林肯办公室，气呼呼地对林肯说："一位少将用侮辱的话指责你偏袒一些人。"林肯笑着建议："你可以写一封内容尖刻的信回敬那个家伙。可以狠狠地骂他一顿。"斯坦顿立即写了一封措辞强烈的信，然后交给总统看，林肯高声叫好："对了，对了，要的就是这个，好好训他一顿，写得真绝了，斯坦顿。"

但是，当斯坦顿把信叠好装进信封的时候，林肯却叫住他，问道："你干什么？"斯坦顿有点摸不着头脑了，说道："寄出去呀。"林肯大声说："不要胡闹，这封信不能发，快把它扔到炉子里去，凡是生气时写的信，我都是这么处理的，这封信写得很好，写的时候你已经解了气了，现在已经冷静下来了吧，那么就请你把它烧掉，再写第二封信吧。"

有人说："一个能控制住不良情绪的人，比一个能拿下一座城池的人还要强大。"情绪不仅仅是心灵健康的庇护神，而且，它常常是我们决胜的关键，因为在关键时刻，我们需要保持冷静，以最平和的情绪来面对一切。面对强劲的对手，有时候，我们采用何种手段并不重要，至关重要的是控制好自己的情绪，保持冷静。一个人，若是能够控制好情绪，保持冷静，就可以化阻力为助力，化险为夷；相反，若是不能掌控好情绪，容易激怒，就有可能陷入危险的境地。

有一个小男孩，他在10岁遭遇了一次车祸，不幸的是，他在这次车祸中失去了自己的左臂。这巨大的不幸让男孩几乎连生活自理都成为了问题，但是，他却有一个小小的心愿，那就是学习柔道。几经辗转，男孩有幸拜在了一位日本柔道大师的门下，开始学习柔道，他格外珍惜这个学习的机会，每天勤学苦练。可是，令男孩感到不解的是，自己学了三个月了，师傅却只教了一招。有一天，男孩终于忍不住问大师："我是否应该再学学其他招数？"大师却摇摇头回答说："不错，你只学会了一招，但是，你只需要学会这一招就足够了。”

几个月后，师傅带着小男孩去参加比赛，比赛开始之前，师傅只是嘱咐：“冷静，一定要冷静！”就连小男孩自己都没有想到，只凭着那仅有的一个招数，就轻松地进入了决赛。决赛开始了，对手比小男孩高大、强壮，似乎比自己更有经验，一看这架势，小男孩就心虚了。比赛一开始，小男孩就有点招架不住，这时，师傅那句话响了起来：“冷静，一定要冷静！”小男孩长长呼出一口气，慢慢等待，后来，对手逐渐放松了戒备，这时，小男孩立即使出了自己的绝招，制服了对手，赢得了冠军。

回家的路上，小男孩满腹疑虑：“师傅，我怎么凭一招就能赢得冠军呢？”师傅缓缓回答道：“有两个原因，第一，你基本掌握了柔道中最难的一招；第二，对付这一招唯一的办法就是抓住你的左臂，可是你没有左臂。孩子，有的时候，人的劣势并不是什么坏事，凡事只要你冷静应对，便可以转败为胜。”

在挫折与困难面前，跌倒了，爬起来，这是一种勇气，但是，对于成功来说，勇气并不是最关键的因素，因为成功所需要的是比勇气更珍贵的那份冷静。失败了，我们所需要做的不仅仅是重新站起来，更关键是学会梳理自己的情绪，冷静地分析、总结失败的原因，这样我们才能避免摔更大的跟头。一个人在面对困难的时候，总是心浮气躁，气急败坏，那么，这个人终会失去自我。在任何事情面前，我们都应该拥有冷静的头脑，因为只有冷静，才有可能使我们转败为胜。

在法庭上，律师拿出了一封信向洛克菲勒问道：“先生，你收到我寄给你的信了吗？你回信了吗？”洛克菲勒冷静地回答：“收到了，没有回信。”这时，律师又拿出了二十几封信，逐一向洛克菲勒询问，而洛克菲勒都以同样冷静的表情、相同的语调给予了回答：“收到了，没有回信。”终于，律师控制不住自己的情绪了，他开始暴跳如雷不断咒骂，最后的结果出乎人们的意料，法庭宣布洛克菲勒胜诉，因为律师因情绪失控而让自己乱了章法。

从洛克菲勒的例子中，我们可以看出，冷静对于一个人成功的重要性。有人甚至这样总结法庭上的律师：令你的对手发怒，失去冷静，那么，你就已经开始转败为胜了。当然，同样的条件下，自己则需要保持冷静的头脑。

看别人不顺眼，是自己修养不够

脾气，是日常生活中经常碰到的普遍心理现象之一。当然，一个人的脾气有好有坏，有的人脾气坏，遇事冲动，对一些不顺心或自己看不惯的事情，常常容易生气，经常与人争吵，说出一些使人难堪的话，影响正常人际的交往。相反，脾气好的人，无论到哪里，都会受到欢迎，大家都喜欢与他合作、共事。有人对此做过一项调查，通过调查发现：绝大多数的青年男女在选择配偶时，都把对方脾气好作为要求条件之一。即使在生活中，我们也明白，在一个家庭或小单位里，如果有一两个脾气不好的人，常常会使这个家庭或集体不和谐，另外，坏脾气对我们的身体也有危害，试想，一个动不动就生气的人，他的心脏会经受得住刺激吗？所以，克制自己的情绪，将坏脾气化成挑战力，为自己加油！

对于坏脾气的人来说，看到别人总是感觉不顺眼，事实上，心理学家告诉我们：看别人不顺眼，是自己修养不够。一个人的优雅关键在于控制自己的情绪，坏脾气的人习惯于用嘴伤人，实际上这却是最愚蠢的一种行为。

从前，有一只坏脾气的乌龟住在水池里，另外有两只大雁经常来水池里喝水，一来二去，坏脾气的乌龟和两只大雁成为了好朋友。

后来，有一年干旱了，水池里的水干涸了。乌龟没有办法生存，只好决定搬家，正巧，两只大雁又飞来了，三个好朋友闲谈了起来，乌龟得知两只大雁将要去南方生活。它心中一动，不如跟着大雁一起去南方生活吧。可是，自己不会飞，怎么办呢？乌龟将自己内心的想法告诉了好朋友大雁，聪明的大雁找来了一根树枝，让乌龟咬着中间，两只大雁各执一端。飞行之前，两只大雁嘱咐乌龟："千万不要说话，一说话就掉下去了。"说完，就扇动翅膀向蓝天飞去了。

大雁飞过了翠绿的田野，飞过了蔚蓝的湖泊，地上的孩子看见了，觉得这个组合很有趣。有孩子拍手笑起来："你们看呀，那只乌龟很滑稽啊。"乌龟本来还扬扬得意，听到孩子这样的嘲笑，心中大怒，想开口责骂那些调皮的孩子，可是，嘴刚一张开，它就掉了下去，碰到了一颗大石头死去了。一只大雁扇动着翅膀，叹气说："坏脾气是多么不好呀。"

坏脾气的乌龟最终因为自己的坏脾气而丢了性命，在现实生活中，我们也常常因为坏脾气而伤了和气，破坏了和谐关系。总而言之，坏脾气不仅令自己苦恼，而且，还会给身边的人带来伤害。一个人的坏脾气，常常与娇生惯养、过分溺爱或得不到家庭的温暖，父母要求过于严厉有关，另外，人生道路的平坦或坎坷，对脾气也会产生重大影响。虽说，一个人的脾气、性格有稳定性的一面，但并不是说其脾气、性格是固定不变的，所以，坏脾气是可以改变的。试着将坏脾气化作挑战力，努力改变自己的坏脾气。

有一个男孩，很任性，经常对别人发脾气。一天，他的父亲给了他一袋子钉子，并告知他："你每次发脾气时，就钉一颗钉子在后院的围墙上。"第一天，这个男孩发了 37 次脾气，所以他钉下了 37 颗钉子，慢慢地，男孩发现节制自己的脾气要比钉一下钉子要容易些，所以，他每天发的脾气的次数就一点点地减少了。

终于有一天，这个男孩能够把持自己的情绪了，不再乱发脾气了。父亲告诉他："从现在起，每次你忍住不发脾气的时候，就拔出一颗钉子"，过了很多天，男孩终于将所有的钉子都拔了出来。父亲拉着他的手，来到后院的围墙前，说："孩子，你做得很好，但是现在看看这布满小洞的围墙吧，它再也不可能回复到以前的样子了，你赌气时说的损害别人的话，也会像钉子

一样在别人心里留下伤口，不管你事后说了多少对不起，那些伤痕都会永远存在。”

在生活中，每天可能都会发生一些不如意的事情，但是，这并不会成为我们发脾气的借口。当自己想要发脾气的时候，应该做的第一件事是尽量让自己平静下来，以理智的眼光去看问题，思考到底出现了社么事情，而不是乱发脾气，任由坏脾气爆发。因为，每一次发脾气说出的话语、做出的行为，都像那一个个被钉子钉出的小洞，再也不可能回复到以前的样子了，那些伤害会像钉子一样在别人心里留下伤口，不管是事后说了多少对不起，那些伤痕将会永远存在。

对于任何事情，我们都不要任由坏脾气而轻易否定，因为存在即有其合理性。在现实生活中，许多人在遇到生气或愤怒的时候，经常是脸红脖子粗，恨不得把自己心里所有的消极情绪都发泄出来；一遇到消沉的时候，就一蹶不振，自暴自弃，刻意贬低自己。这几乎是坏脾气的人的一些日常表现，事实上，坏脾气带给我们生活的影响远不止这些。

失意时请勿意气用事

在人生的得意之时，欣赏高处的风景；在失意之时，在低处休养生息。有时候，我们要学会弯腰，懂得吃眼前亏，不要为了争执而伤了自己的元气，即使内心有许多无奈，但请勿抱怨。凡事以平静心态面对，当你认为自己吃亏的时候，说不定这却是一桩一本万利的生意呢。不争执、不抱怨，在表面上说是好像是一种损失，但从长远来看，却是一种智慧。当所有人都在向往“高处”的时候，你选择了休养生息，不仅为自己树立良好的形象，还会让他人对你产生莫大的好感。

印度的孟买学院是世界上最著名的佛学院之一，这个学院历史悠久，有着辉煌的建筑，更关键的是，这里培养出了许多著名的学者。据说，在孟买学院有一个细节是别的佛学院所没有的，那就是在大门的一侧又开了一个仅有一点五米高四十公分宽的大门，所有的人都能轻易地进入，只要能保持稍低的姿态。一些初到学院的人感到十分不解，不过，后来，他们都承认正是这个小小的细节让自己受益无穷。

阿伟大学毕业后，为了锻炼自己的能力、积累社会经验，他选择了业务方面的工作。在公司，他所担任的职位是协助新来的业务经理开展工作。那个业务经理刚来不久，不过，脾气却很大，而且，据阿伟观察，似乎他的业务能力很差，几乎都是依靠下面的业务员拿业绩。另外，业务经理心胸狭隘，一点也不尊重人，总是带着命令的口吻与下属讲话。有时候，阿伟在工作中不小心出了错，经理也不顾及他的颜面，当众就把阿伟教训一顿。

面对这样的经理，阿伟心里也很窝火，因为自己经常是被训斥的对象。但是，他并没有发作，把怨气吞下去，始终赔着笑脸，因为他心里很清楚，摆在他面前的只有两个选择，要么和他大吵一架，然后走人；要么就是忍辱负重，休养生息，等待时机。聪明的他选择了后者，半年以后，公司高层发现了业务经理的问题，通过调查，认为他不适合做业务经理，就找了个理由把他辞退了。而阿伟，因为一直表现不错，被公司任命为业务经理，这下子，阿伟如鱼得水了，很快把业务开展了起来，为公司创造了很大的经济效益，赢得了公司上上下下的尊重。

过了几年，阿伟被提拔为主管业务的副总经理。每当谈起这一切的时候，就不无感慨地说：“我能有今天，就是因为我当初懂得在低处休养生息啊！而没有意气用事！”

在生活中，我们难免会遇到一些坎坷与挫折，遇到一些不尽如人意的事情，在这个时候，千万不要任由心中的怨气乱窜，或者意气用事，而要以一

种忍耐的姿态来面对，平复激愤的情绪，以一份从容的心态去面对眼前的境遇，这才是一种审时度势大智若愚的胸怀。处于最低谷，也不要灰心丧气，只要你没有丧失志向，就一定有东山再起的机会。

人生的旅途，有高峰，也有低谷，所有的人都想站立在高峰欣赏风景，但是，若没有低谷，我们如何能够休养生息，保持实力呢？如果你觉得现在的生活处境很糟糕，总是受人排挤，也不要感到生气，不要怨天尤人，学会忍气吞声，把这一切权当作是休养生息吧！

第11章 用好朋友圈，为努力的自己锦上添花

年轻人，要想取得成功，就必须要有独特的智慧和过人的人格魅力，只有这样，才能成为一个真正的努力者，才能在更深远的意义上获取成功和体验人生价值。人脉和努力一样很重要，如果你足够努力，那人脉无疑是锦上添花的最佳捷径。

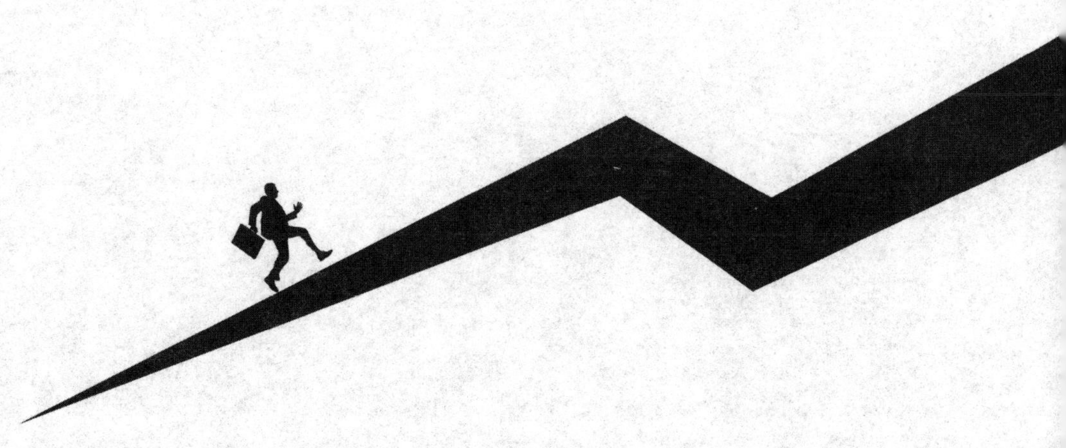

完善沟通技巧，你就是最受欢迎的人

当年轻人总是抱怨很讨厌某个朋友，那么，孩子，我们是不是应该先反省一下自己呢？自己有没有做得不对的地方？成功大师卡耐基曾说过："一个人的成就，85%决定于与人沟通的能力，而专业知识只占15%。"做一个会沟通的人，那会是什么样的人呢？当然是一个受大家欢迎的人，当一个人在沟通中总是出现这样或那样的问题，又怎么会成为受欢迎的人呢？在沟通过程中，我们需要做到尊重对方，懂得忍让，彬彬有礼，不管是言辞还是举止，都要令对方感到舒服而不是鲁莽，这样我们就可以逐渐成为一个受欢迎的人了。

1943年，巴菲特离开老家奥马哈来到华盛顿，在整个初中三年中，他一直都不适应这座新城市。再加上他本来就处于青春叛逆期，虽然，他的有些行为很让同学和老师头疼，但他还是想成为一个老师、同学、家长都喜欢的好孩子，他希望可以跟身边的人进行融洽的沟通。他常常为这样的事情苦恼，他想：能有什么办法呢？能有什么办法让别人喜欢我呢？

突然，脑海里一道灵光闪过，巴菲特想起自己看过的一本《如何赢得朋友和影响他人》，那里有这样一句话："如果你想采到蜂蜜，就不要踢倒蜂窝。"也就是说，假如你想和别人做朋友，并得到甜蜜的友谊，那就不要批评别人，因为批评对方会令他伤心难过，让人心生怨恨，就好像捅了马蜂窝一样。

巴菲特再从书架里拿出那本书，并将其中的一部分摘抄了下来：人人都希望受到注意和赞美，没有人希望被批评；在所有的文字中，最好听的声音是自己的名字；处理争执最好的方法就是避开争执；如果发现自己错了，马上坦白认错；问问题，而不要命令别人；帮助别人留下好名誉；婉转指出别人的错误，让别人保住面子。

就这样，巴菲特渐渐懂得了如何去沟通，如何在人际交往中尊重别人。自尊是每个人必须学会的第一个原则，从小，我们就应该学会“站着”，而不是“趴着”去仰望那些大人物，这样所建立的自信心与健全的人格会为我们的一生打下坚实的基础。一个人的心灵世界，是要靠自尊来支撑的，尊严可以带给人自信，也可以改变一个人的命运。

安东尼·提莫克只是一个办公室的小工，他希望能向纽约银行行长推销一些公债券。他是新英格兰穷牧师的儿子，刚刚从菲利浦斯学院毕业，18 岁的他还处于人生事业的起步阶段。他在替一个商人干点杂活，挣着一个星期一块半的工资。老板觉得他是个聪明的小伙子，就让他去销售铁路公债券。所以，安东尼·提莫克希望能与纽约银行行长摩西·泰勒说几句话，他知道泰勒对铁路很有兴趣，但自己怎么做才能引起这位银行行长的注意呢？

那天，当安东尼·提莫克走到泰勒的办公桌面前时，泰勒正烦躁地对一个饶舌的人说：“说正题！说正题！”不一会儿，泰勒就摇了摇头，把那个人赶了出去。接着，他向安东尼·提莫克点头，示意他过去。安东尼·提莫克把公债券放在了办公桌上说：“97。”泰勒很奇怪地看了他一眼，拿过他的支票簿问：“你的老板叫什么名字？”“伯兰克先生。”提莫克回答，签好了支票后，泰勒又问：“伯兰克先生给你多少回扣？”“0.25%。”提莫克继续回答，“太少了，你管他要 1% 的回扣，如果他不付给你，我就替他付。”泰勒开玩笑，就这样，提莫克成功地把公债券卖掉了，同时，他也成功地使行长注意到了他，3 年后，他就成了百万富翁。

提莫克凭借着敏锐的眼光，看出泰勒是一个暴脾气的人，他喜欢使用简洁的语言，讨厌那些不必要的繁文缛节。所以，当提莫克了解了泰勒的心理要求之后，他就一直是使用简洁的语言来应付他，不说一句废话，所以讨得了泰勒的喜欢。

一个好的沟通者必须具备这样的条件：富于幽默，这样可以缩短与对方的距离；善于解决矛盾，当沟通的双方出现了一些冲突，可以缓和矛盾，调

节气氛；通常而言，性格温和的人能更好地沟通；面对任何人都需要热情洋溢；善于与各种类型的人打交道。

努力启示

在人际交往中，对方的态度往往取决于自己的态度，就好像你站在镜子面前，你笑时，镜子里的人也跟着笑；你皱眉，镜子里的人也在皱眉；你对着镜子大喊大叫，镜子里的人也会冲着你大喊大叫。当我们想要赢得他人的尊重与信任，就应该先尊重他人。如果说你是一位善于沟通的人，那是因为你让所有的人都感受到了尊重。

和优秀的人在一起，你会出类拔萃

对于年轻人而言，结交什么样的朋友，对一个人的一生是十分重要的。中国有句古话："近朱者赤，近墨者黑。"这句话说明了朋友对一个人的影响，假如我们想了解自己的朋友，可以通过一个与他交往的人去了解他。比如，一个对饮食有控制的人不会和一个酒鬼混在一起；一个举止优雅的人不会和一个行为粗鲁的人交往；一个洁身自好的人不会跟一个自甘堕落的人交朋友。好的朋友就好比一个良好的环境，可以让我们自己也变得好起来。

在这里，并不是说那些比我们看起来稍逊一筹的人就很差，其实，每个人身上都有值得我们学习的地方。不过，那些优秀的人更值得我们去学习，他们之所以优秀，那是因为身上有一些常人没有的闪光点，因此，那才是我们学习的关键之处。

巴菲特是世界闻名的投资大师，不过，其朋友芒格却是很少人知道，这位芒格先生也是伯克希尔公司的董事会副主席，虽然他经常与巴菲特一起出

席公众场合，但大多数情况下都是巴菲特一个人在那里高谈阔论，而芒格总是沉默不语。千万不要小看了巴菲特这位朋友，在巴菲特所创造的许多经典投资案例中，有很大一部分的功劳应该是芒格的。就好像巴菲特大儿子霍德华曾说：“我爸爸是我所知道的‘世界上第二聪明的人’，第一是谁？当然是芒格。”

1975年，巴菲特与芒格开始正式合作。刚开始的时候，巴菲特在投资中一直推崇“廉价股”，他认为这是最好的赚钱方法，当然，这样的一种投资方式在早期也收获了不少。不过，作为合伙人的芒格表示，随着经济的不断发展，投资市场上的“廉价股”会越来越少，因为他认为巴菲特的投资方式并不是万能的。芒格觉得，假如一家公司的赢利足够好的话，即便它的股价再高一些，也是值得购买的。同时，芒格还说道：“在投资时要注重公司管理者的素质，假如一家公司的领导层是一群有抱负、善于管理的人，那么这个公司一定能有一个光明的前景。”

事实上，在投资这条路上，朋友芒格确实给予了巴菲特很大的启示。对于芒格的这些理念，巴菲特自己也作出了肯定的评价，他说：“他把我推向了另一个方向，我以非同寻常的速度从猩猩进化到人类。”

俗话说：“三人行，必有我师焉。”优秀的朋友可以帮助我们进步，他们的智慧、知识、能力等方面的长处可以成为促使我们前进的能量和源泉，从而让我们获得一些终身受益的东西，那是因为单独的一个人可能灭亡的地方，两个人在一起可能得救。

努力启示

假如年轻人受到良好的影响和明智的指导，谨慎地运用自己的自由意志，那他们就在身边寻找比自己优秀的人作为自己的榜样，努力去模仿他们。与比自己优秀的人交朋友，就会从中吸取营养，使自己得到长足的发展。

今天将有贵人光临你身边

如果有人告诉你“今天将有贵人光临你身边”，你会相信吗？许多人似乎并不相信生活中会存在“贵人”这样的好运，然而，贵人光顾还真的会给当事人的生活和命运带来意想不到的影响。所谓的贵人，实际上就是赏识自己的人。或许，一个人不努力，缺乏真本事，别人不可能来赏识、栽培你，即便有人来推举你、提拔你，最后也会因为你缺乏能力而作罢。不过，假如是真的有本事的人，一直没有人来赏识你，那是否也容易受委屈呢？有本事而又愿意努力的人，加上有人提拔，会不会平步青云、早日获得应有的表现机会呢？尤其是年轻人，他们未来的成功虽然离不开自身的努力，但假如善于借助贵人的帮助，将会事半功倍。

安妮在著名跨国公司工作，英文极佳，自诩用英文写东西比中文还清楚。安妮大学毕业后，应聘进了著名的跨国公司，自知英文很差，边死记硬背了所负责产品的英文解说词。有一天下班后单独留在公司，办公室进来一个中年人，找了个座位坐下来就开始用电脑工作。

这时，一个客户的电话打进来，正好碰上是安妮所负责的产品，因为熟悉，她流利地用英文“精彩”地说了一番。电话接完，中年人抬起头，说了一句：“你是安妮？英文很棒嘛！”

几句话聊下来，安妮才得知，眼前的是大中国区的董事长。从此以后，受到大老板鼓励的安妮信心大增，英文进步很快。而董事长也常常问起那个英文很棒的女孩子工作如何，出色与否，引得安妮的老板同事们惊讶无比。

年轻人之所以容易失败，是因为不善于和前辈交际。第一次世界大战中法兰西的陆军元帅福煦曾说过：“青年人至少要认识一位深谙世故的老年人，请他做顾问。”萨加烈也说了同样的话：“如果要求我说一些对青年有益的话，那么，我就要求他们时常与比自己优秀的人一起行动。就学问而言或就人生而言，这是最有益的。学习正当地尊敬他人，这是人生最大的乐趣。”

努力启示

年轻人不管有多么聪明，具备多么优越的条件，假如没有人帮助你，或者有人故意刁难你，那你就很难成为一名成功人士。每个年轻人都盼望遇上贵人，但经常会有人感叹自己运气欠佳，一辈子遇不上一个贵人。实际上，这并不是因为你运气欠佳，而是你还没有敞开容纳贵人的心灵之窗。

年轻人要多参加的社交活动

在日常的社会交际中，总是有许多层出不穷的活动，比如慈善晚会、新品发布会、某某周年庆、画廊酒会等商务聚会，还有很多鸡尾酒会，圣诞宴会等。其实，并不是人们热衷举办这样形形色色的宴会活动，而是基于人们进行正常社交的心理需求。试想，在一个大型的社交活动中，有多少有品味的人，有多少达官显贵，有多少是功成名就的知名人士，而年轻人作为社交活动的一员，自然有机会一睹他们的容颜，更有机会与他们建立良好的人际关系，扩充自己的人脉资源。所以，年轻人要学会塑造自己，对于那些有价值的社交活动千万不要错过。每天与那些形形色色的人打交道，有可能他就是你未来的事业合作伙伴，或许还会成为你人生道路上的贵人。

朱艳艳是上海视点公关公司的总经理，她所建立的人脉网络极其丰富，除了拥有众多的媒体朋友，还有世界 500 强的公司如联合利华、三菱电机都是她的客户，她是怎么做到的呢？

朱艳艳在23岁的时候，已经是兰生大酒店的公关部经理了，当时她对自己每天所扮演的角色也显得有些懵懂。几乎每天都是在忙碌中度过的，她们需要把中国文化介绍给外国客人，在圣诞节的时候举办餐会，举办各种新闻发布会，工作的跨度比较大，从举办各类宴会到媒体联络，几年的历练使她建立了一张无所不包的关系网。她拥有一大帮记者编辑朋友，娱乐、经济、体育记者一应俱全，还有主持人、明星以及政府部门上上下下的工作人员，这无疑就成为了她人生中的第一桶“金”，那就是无形资产。

1997年底，惠而浦与上海一家公关公司的合约即将到期，她的一位在惠而浦工作的老板引见了她，最终获得了这家公司的公关代理权；凭着2001年一手策划的“奥妙新妈妈大赛”，她成为首位获得国际“金鹅毛笔奖”的中国公关人。

朱艳艳的经历告诉我们，参加一些有价值的社交活动，可以为自己积累庞大的人脉资源网络。这些积累下来的人脉资源，就如同一张人脉存折，会成为你事业成功的基石，也会成为你人生中一笔不可多得的财富。

曾毓芬专门从事高阶人力中介，现今担任昱藤数字人力资源公司总经理，可在四年前，她也是一位普通的职员而已。当时，她为了拓展自己的关系网，参加了人力资源协会。

那时候，她只担任会员服务组一个毫不起眼的组员，但她奉献时间，每个月举办研讨会，把握每一个认识别人的机会，逐渐的，她的知名度打开了，晋身为主委，人脉竞争力也跟着提升，业务自然也跟着蓬勃发展。

有的年轻人会觉得自己所置身的圈子太过于狭窄，那么开拓人际交往的最佳途径，就是打破狭小圈子的限制，走向更大的人脉圈子，而参加一些有价值的社交活动则是有效的途径之一。参加一些有价值的社交活动，可以增加自己曝光的机会，所以尽可能地多参加一些宴会、社团活动，即便是公司内部之间的社交活动，也是把自己推销出去的一个渠道，也是结识公司管理高层领导的一个机会。

努力启示

除了参加公司内部的社交活动，你还可以选择性地参加一些聚会。几乎每个年轻女孩都参加过聚会，但是参加什么聚会，如何参加聚会，却是一门学问，无论参加什么样的社交活动，都需要有选择性，比如符合你的性格、爱好、所处行业、从事的工作等。同时，当你在参加聚会的过程中，也需要有意识地选择认识一些人，跟什么样的人维持长期的关系，这有助于扩展你的人脉资源。

第12章 优秀的人找方法，失败的人找借口

优秀的人做事总是寻找解决方法，而失败者却总是寻找借口；每当优秀者提出一些有创意的意见，失败者却不停抱怨；优秀者往往勇于承担责任，并全力以赴，失败者却总是等着天上掉馅饼；优秀的人发现了缺点总是会积极改正，而失败者总是挑毛病。

人不可有自负，但不可无自信

世界酒店大王希尔顿用200美元创业起家，有人问他成功的秘诀，他说：“信心。”而美国前总统里根在接受《SUCCESS》杂志采访时说：“创业者若抱着无比的信心，就可以缔造一个美好的未来。”哈佛告诉我们：自信是成功的助燃剂，自信多一分，成功就可以多十分。爱迪生曾经试用1200种不同的材料做白炽灯泡的灯丝，但是都失败了，有人批评他：“你已经失败了1200次了。”可是，爱迪生不这么认为，他却充满自信地说：“我的成功就在于发现了1200种材料不适合做灯丝。”正是怀着这份自信，爱迪生最后获得了成功。那些成功者的经历，其实就是心理学中的“自信心效应”，只要不放弃，那就没有什么不可能。

有一个美国青年叫亨利，他个子很矮，内心很自卑，30多岁了依然一事无成，整天坐在公园里唉声叹气。一天，亨利的好朋友找到他，兴高采烈地对他说：“亨利，告诉你一个好消息！”亨利不相信，没好气地说道：“我哪有什么好消息。”朋友高兴地说：“真的是好消息，我看到一份杂志，里面有一篇文章，讲的是拿破仑有一个私生子流落到美国，这个私生子又生了一个儿子，他的全部特点跟你一样：个子矮矮的，讲的是一口带有法国口音的英语……”亨利半信半疑：“真的是这样吗？”但是，亨利不愿意相信这是事实，可是，当他拿起那本杂志琢磨了半天，他终于相信了自己就是拿破仑的孙子。

这一发现让他完全改变了自己的内心，以前，亨利觉得自己个子矮小，非常自卑，现在，他开始欣赏自己的这一特点，他心想：矮个子有什么不好！我爷爷就是靠这个形象指挥千军万马；以前，他觉得自己的英语讲得不好，像个乡巴佬一样，但是，现在，亨利为自己拥有带法国口音的英语而自豪。亨利变得无比自信起来，每当遇到困难的时候，亨利就对自己说："在拿破仑的字典里是没有'难'字的。"就这样，亨利一直相信自己就是拿破仑的孙子，他克服了一个又一个的困难，三年之后他成为一家大公司的董事长。后来，亨利请人去调查自己的身世，发现自己其实并不是拿破仑的孙子，但是，亨利说："现在我是不是拿破仑的孙子，已经不重要了，重要的是我懂得了一个成功的秘诀：人生不能没有自信。"

心理学研究中把这种由外界某种刺激的作用下，激发了一个人的自信心，使人重新振作，努力实现自己的志向的社会心理现象，称之为"自信心效应"。自信心是一个人对自己力量充分估计的一种自我体验，是自我意识的能动表现。每一个想要成功的人不可能缺少强烈的自信心，艺术大师徐悲鸿曾说："人不可有自负，但不可无自信。"如果说自卑是成功的敌人，那么自信就是成功的第一秘诀。

马援在小时候并不怎么聪明，不太会背诵诗句，学习成绩比较差，因此，他经常挨先生的训斥。有一次，马援见到了同学朱勃，朱勃能背诵《诗》《书》，举止娴雅，学识渊博。马援对他又羡慕又惭愧，虚心向朱勃请教，但是，还是赶不上人家，心里很难受。马援回到哥哥家，心事重重地说："大哥，我不会背诗，是不是没有出息？"哥哥微笑着安慰他说："背书并不能体现一个人的真本领，会背书的人可能是小器速成，不会背书的人倒可能是大器晚成，你很用功，肯定能成大器，不要灰心。"听了哥哥的一番话，马援开始激励自己，不再灰心丧气，而是加倍地努力学习，并开始寻找适合自己的人生道路。最后，他终于大器晚成，马援成为了我国历史上著名的汉朝名将。

邓亚萍说："当运动员时什么事情都不用考虑，退役以后的生活和原来有很大的转变，对许多运动员来说，当生活成为习惯后，要让他坐下来读书，他是坐不住的，他没有主动性，或者说没有紧迫感。"而邓亚萍之所以能够转型成功，除了她能够调整了自己的心态，最关键的在于她始终抱持着"不放弃"的信念，她坚信只要自己不放弃追寻目标，那么就没有什么不可能。

在生活中，有许多身有残疾或者处于逆境中的人，他们之所以能取得旁人难以想象、难以达到的成就，正是因为他们有一股强大的精神动力——自信心。一个自信心很强的人，他会相信自己的力量，无论什么样的困难与挫折都不能阻挡他前进的步伐，从而赢得成功。相反，一个缺乏自信心的人，他看不到自己的力量，看不到自己的优点与长处，在追逐目标的过程中，他失去了克服困难的信心和勇气，最终，他们只能面对失败，而与成功失之交臂。人生需要有自信心，永远不放弃自己追寻的目标，那就没有什么不可能。

年轻就应该自信勇敢，唯唯诺诺过一生有什么意义

任何时候，年轻人总是自信而勇敢地追求自己的人生，不以唯唯诺诺的行为来敷衍了事。唯唯诺诺是形容自己很没有主见，心中没有主意，总是一味地顺从，恭顺听话，对一些既成的事实深信不疑，缺乏一定的怀疑精神。在他们身上时常显露出这样的特点：嘴里好像从来不说“不”，总是“好”“是的”；面对他人的提问，只点头不摇头。也许，有人会问：难道他们就没有自己的想法和立场吗？当然不是，他们之所以唯唯诺诺是源于内心的不自信，以及缺乏表露想法的勇气。

老张是公司的老员工，辛辛苦苦工作几年了，职位却一直没有变。在平时的工作中，他认真负责，与身边的同事相处得也比较和睦，对上司更是敬重有加，不过，进入公司快十年了，许多比他晚进公司的同事都得到了晋升，只有他还在原地踏步。同事戏谑地问他：“对你的工作挺满意吧？”他总

是乐呵呵地回答："是的。"在与同事相处中，遇到不同的意见，老张对这位说："是，你说得对。"回过头，他对那位也说："对，你说得没错。"这样没有立场的说话态度，让同事感到很扫兴。

实际上，老张并没有发现自己没有得到重用的原因就在于自己唯唯诺诺的性格，不管是与上司打交道，还是和办公室的同事相处，他从来都是一副唯唯诺诺的样子。这点可以从他说话看得出来，比如，他总是说"是是是""好好好"，从来不会说反对的意见。刚开始同事接触到他，以为他这样的性格是由于陌生的关系，不想得罪人。时间长了，与同事都熟络了起来，他还是这样的性格特点，同事就觉得很讨厌了，而且，总觉得他这个人比较"虚伪"，不愿意与之交往。上司觉得老张没有自己的想法，只会一味地顺从，这样的人对公司将不会有很大的帮助，于是就一直没有重用他。

在公司，没有谁与老张能够谈得来，因为大家觉得他这种模糊的表达方式，唯唯诺诺的个性让自己非常不舒服。所以，最后老张既没有得到领导的赏识，也没有获得同事的好感，而且还非常令人讨厌。

即使，恭顺比较讨上司的喜欢，但是，一味地服从只会让上司感到厌烦。在更多的时候，上司希望下属能够有自己独当一面的见解，这样才能看清楚一个人的价值。如果在任何时候都显得唯唯诺诺，不敢表露自己的真实想法，诸如老张这样的下属将不会得到重用。对于那些唯唯诺诺的人，他们身上还会显露一个异常的特点：做事犹豫不决，缺乏勇气。

通常去做一件事情的时候，他们无法相信自己的判断，以至于最后他们没有勇气去做这件事情。福特汽车总裁菲利普说："假如缺乏冒险精神，今天就没有了电源、镭射光束、飞机、人造卫星，也没有盘尼西林和汽车，成千上万的成果将不可能存在。如果生活在一个没有冒险的世界里，我们必将面临重重危机。"所以，放下自己的唯唯诺诺，塑造充满勇气的智慧人生。

杰克逊选择了跳伞训练来挑战自己的胆识。在一次例行的业余跳伞训练中，由教练引导，背着降落伞登上了运输机，准备进行高空跳伞。突然，不知道是哪个学员惊叫了一声，大家顺眼望去，竟然发现了一位盲人，他带着

自己的导盲犬，正随着大家一起登机。令人惊讶的是，和大家一样，这位盲人和导盲犬的背上也有一具降落伞。

飞机起飞之后，所有参加这次跳伞训练的学员们都围着这位盲人，大家七嘴八舌地问他："为什么会参加这一次跳伞训练？"一名学员好奇地问道："你根本看不见东西，怎么能跳伞呢？"盲人回答得很轻松："那有什么困难的？等飞机到了预定的高度，开始跳伞的警告广播响起，我就只要抱着我的导盲犬，跟着你们一起排队往外跳，不就行了吗？"另一名学员接着问道："那……你是怎么知道在什么时候可以拉开降落伞呢？"盲人笑着回答："那更简单，教练不是教过？跳出去以后，从一数到五，我就自然会把导盲犬和我自己身上的降落伞拉开，只要我不是结巴，我就不会有生命危险啊！"杰克逊也忍不住问道："可是……落地的时候呢？跳伞最危险的地方，就是在落地的那一刻，那你又该怎么办呢？"盲人满是信心地回答："这还不容易，只要等到我的导盲犬吓得乱叫的时候，同时，手中的绳索变得很轻的时候，我就已经做好了落地的标准动作了，这样不就安全了？"

杰克逊这样说道："很多时候，阻碍我们去做某件事情的是自己唯唯诺诺的性格，只要鼓起勇气，相信自己，那么，人生就是美好的。"你是否能成功，关键在于是否相信自己的判断，是否具有适当冒险与采取行动的勇气。如果自己总是以唯唯诺诺的样子来面对每一件事，那么，当你在犹豫的时候，你已经失去了最好的机会了。

努力启示

比尔·盖茨说："所谓机会，就是去尝试新的、没做过的事。可惜在微软神话下，许多人要做的，仅仅是去重复微软的一切。这些不敢创新、不敢冒险的人，要不了多久就会丧失竞争力，又哪来成功的机会呢？"微软只会青睐那些敢于冒险、相信自己判断的人，而这是唯唯诺诺者身上最缺乏的精神。当不自信变成一种习惯的时候，那么唯唯诺诺的个性就已经诞生了，因此，克服自己唯唯诺诺的缺点，就必须学会相信自己，不仅如此，我们还应该勇于挑战自我，这样我们才能塑造充满勇气的自信人生！

与抱怨的嘴唇相比，你的行动是一位更好的布道师

英国著名作家奥利弗·哥尔德斯密斯曾说：“与抱怨的嘴唇相比，你的行动是一位更好的布道师。”面对生活里的一丁点不如意，人们最普遍的习惯是埋怨，不停地埋怨，埋怨父母不理解，埋怨社会太现实，埋怨朋友的欺骗，埋怨上天的不公，于是，埋怨成为了一种习惯，然而，那些不如意的事情、悬而未决的事情并没有得到真正的解决，自己的情绪反而陷入了恶性循环，结果，心中的怨气反而会阻碍到前进的路途。成功只会垂青那些积极主动的强者，只要你敢于担当，勇于接受来自生活的挑战，那么，任何艰难险阻都会变成坦途。真正的强者，从来不埋怨，他们总是会把那些消极的想法从内心中扫除殆尽，让自己的内心充满阳光、充满希望。

从前，有一个年轻的农夫，他平日的工作就是划着小船，给另外一个村子的居民运送自家的农产品。那是正值天气炎热，酷暑难耐的季节，年轻的农夫汗流浃背，感到苦不堪言。为了尽快完成工作，农夫心急火燎地划着小船，以便在天黑之前能返回家中。突然，年轻的农夫发现，在前面有一只小船，沿河而下，迎面朝自己快速驶来，眼看着这两只船就要撞上了，但是，那只小船却丝毫没有避让的意思，似乎是有意撞翻自己的小船。年轻农夫心中顿时有了火气，大声对那只船吼道：“让开，快点让开！你这个白痴！再不让开，你就要撞上我了！”但是，农夫的吼叫却完全不管用，那只船还是义无反顾地向自己驶来，尽管农夫手忙脚乱地为其让开水道，但为时已晚，那只小船还是重重地撞上了自己。年轻的农夫被激怒了，他怒视对面的那只小船，但是，令他吃惊的是，那只小船上空无一人，而被自己大呼小叫、责骂的只是那只挣脱了绳索、顺河漂流的空船。

原来，再多的责骂、埋怨，也不能改变事情的发展方向，反而会阻碍你前进的路途。有人说埋怨是一种宣泄，一种心理平衡，似乎埋怨可以将那些不如意的事情发泄出来。每天，我们都可能会面对许多不如意的事情，如果只是一时的埋怨，这还可以接受，但是，有时候，埋怨久了就会形成习惯，而埋怨的根源是对现实的不满意。

从前，有一位年老的印度大师，在他身边有一个喜欢抱怨的弟子。有一天，印度大师让这个弟子去买盐，等到弟子回来后，大师吩咐这个喜欢抱怨的弟子抓一把盐放在一杯水中，然后喝了那杯水，弟子按照师傅的吩咐一一做了，大师问道："味道如何？"呲牙咧嘴的弟子吐了口唾沫，说道："苦！"

大师一句话没说，又吩咐弟子把剩下的盐都洒入了附近的一个湖里，听从师傅的吩咐，弟子将盐倒进湖里。大师说："你再尝尝湖水。"弟子用手捧了一口湖水，尝了尝，大师问道："什么味道？"弟子回答说："味道很新鲜。"大师继续追问："那你尝到咸味了吗？"弟子回答说："没有。"这时，大师才微微一笑，说道："其实，生命中的痛苦就像是盐，不多，也不少，在生活中，我们所遇到的痛苦就这么多，但是，我们体验到的痛苦却取决于将它放在多么大的容器里，所以，面对生活中的不如意，不要成为一个杯子，老是埋怨，而是成为湖泊，去包容它，通过实际行动来改变自己的现状。"弟子若有所悟地点点头。

罗斯福说："未经你的许可，没有任何人能够伤害你。"有的人自己办不了事情，别人办了漂亮事，他还会到处埋怨："其实我很有能力的""他凭什么就能得到上司的重用啊""这件事我会比他做的更好，可上司偏偏不找我嘛"。但是，真正的结果呢，却是自己没有能力，心中才充满了怨气。真正的强者，他所致力的是如何解决问题，如何完成这件事情，而不是去埋怨上天的不公，所以，强者最后会在努力中赢得成功，而无能的人只能在埋怨声中销声匿迹。

一个人来到这个世界上，面对生活中的诸多不如意，我们只有两个选择，要么接受，要么改变。抱怨成为了接受事实的一个阻碍，我们总是想到：这件事对我是不公平的，这样的事情怎么会发生在我的身上呢？我怎么能接受这样的事情呢？所以，一种强烈的倾诉欲望开始萌发，我要去对别人诉说，以此证明我的无辜和委屈，于是，在我们埋怨不公的时候，我们已经失去了去改变这件事情的机会。那么，当我们无休止埋怨的时候，有没有想过比埋怨更好的解决方法呢？

抱怨无法改变现状，唯有拼搏才是出路

在我们身边，总会有一些打抱不平的愤青，他们不断地抱怨上天的不公平，生活的不公正，其实，这些人一直在喋喋不休地抱怨着，那是因为他们无力扭转什么。成功只会垂青那些积极主动的优秀者，只要你敢于担当，勇于接受来自生活的挑战，那么，任何艰难险阻都会变成坦途。对于一个强者来说，任何事情他们都会尝试着去做，因为敢于去做，到最后事情都会自然而然地变得顺畅。后来，他们会发现，那些原来让自己思虑重重的困难，竟然只是一件小事，根本不值得抱怨。

真正的优秀者，从来不抱怨，他们总是会把那些消极的想法从内心中扫除殆尽，让自己的内心充满阳光、充满希望。相反，一个弱者、无能的人，他们的生活总是充满了抱怨，因为无力改变现状，或者是内心根本没有想要改变现状的意识，因此，他们除了抱怨，别无他法。

现实生活中，平庸之辈总是多数，即便自己已经很平庸了，但还在不断

地抱怨。他们动不动就说“这个社会怎么怎么样”“我简直是英雄无用武之地”，其实，说出这样话的人本身不是什么优秀者，因为优秀者绝不是这样的态度。面对人生的诸多不如意，我们都不要再抱怨了，抱怨只会让自己变得更加无能。只有无能的人才会抱怨，那些优秀者往往会通过改变生活来解决这些问题。

小李和小王是大学同学，大学毕业后，两人签了同一家国企公司，更有趣的是，两人居然被分到同一个办公室，成为了同事。小李在大学就是赫赫有名的人物，学生会主席，沟通能力和处理问题的能力都很强；小王虽然成绩优秀，但是，在大学没有参加社团活动，相应的处事能力较弱。

在办公室里，挂着职称的科长和两名副科长都不负责做具体业务，另外两位年纪稍大，自己觉得升迁无望，每天就只想着混日子，一旦有任务分配下来，他们自然会推给小李和小王：“小伙子，多锻炼，对自己有好处……”小李每次都欣然答应，做事情十分积极，小王则相反，他觉得同样都是在办公室工作，怎么就自己一个人像打工的，接到新任务不积极，心中怨气越来越大。

前不久，公司领导决定在家属楼后面的空地上建一座三层小楼，作为“健身中心”，这项任务自然落到了办公室里。小王知道艰巨的任务又来了，索性在第二天请了病假，而最终小李接下了这个工作，科长还不断嘱咐小李：“抓紧时间啊，这可是关系全公司职工的切身利益啊。”接下来的一个月时间里，小李天天往城里跑，把那些有名的健身中心都找了个遍，又是拍照，又去图书馆查资料，每天忙得晕头转向。而小王和其他人则在办公室里休闲地喝着茶，看着报纸。没过多久，小李将图纸交给了科长，因为设计比较成功，受到了嘉奖。小王则在旁边抱怨：“哎，早知道当初我应该来接这个任务，领导太不公平了，知道那天我请假就无视我的存在，如果我接到了任务，说不定比他完成得还要漂亮……”

后来，只要小李得到了上司的嘉奖，小王都要抱怨一番：“领导对我太不公平了……”刚开始的时候，办公室同事还为小王说些打抱不平的话，可是，时间久了，大家也不怎么关心了，反而会在背后议论：“自己没本事就别吱声嘛，见不得人家好，谁知道他一天的抱怨怎么那么多，还不是自己无能，否则，领导怎么会不重用你呢……”

有一句话说得好：“多数人都想改造世界，但却很少有人想改造自己。”可能，左右一个人成功的因素会很多，但是，如果你连自己都不想改变，你会成为一个强者吗？许多人习惯抱怨社会，抱怨他人，抱怨自己，可是，有人会想过这是因为自己不够强大而遭遇的吗？

努力启示

一个人只有把自己定位在“平庸之辈”的位置上，他才会觉得无法改变，从而变成了一个抱怨者。当我们把自己定义成弱者，那我们就改变不了什么，除了抱怨还是抱怨。因此，当生活遭遇不幸的时候，我们所想的是如何解决问题，而不是不断地抱怨这个问题的存在，这样我们才能真正地解决问题。

人只有在肩膀上担“担子”，才能够长大

责任心是衡量一个人成熟与否的重要标准。责任心会使一个人变得坚强。面对诱惑，他能恪守原则；面对挑战，他会奋力拼搏。他知道这是他的责任，他不能逃脱，必须积极地去对待而非消极地躲避。

责任心往往驱使我们做一件事，而且会把他做好。我们每个人都要明白，只有我们认为那件事很重要，是你的责任，你就会调动全身的力量去干好这件事，千方百计地争取收获最好的结果。

在哈佛的名人中，亨利·基辛格的名字众人皆知。他是哈佛大学的优秀学生，1923 年出生在德国菲尔特一个犹太人的家庭，1938 年移居美国。1947

年因获得“国家学者奖学金”而进入哈佛大学，以敏捷和思辨的头脑、优秀的学业深得教授的喜爱。

基辛格离任后很想回到哈佛大学继续他的学术生涯，这似乎是一个我们看来没有悬念，而对哈佛也是求之不得的美事，而现实却出乎意料，时任哈佛校长的博克教授却婉言谢绝了这位大人物的要求。他说：“基辛格是个学识渊博的人，论私交，我和他也不坏。”但是，“我要的是教授，不是大人物”，“我不能花钱去请一个挂名的人”。他深知大人物很难把心拉回到教学上来，博克的选择让我们深刻领会到哈佛人对责任的重视。

我们在社会中扮演了许多角色，在老师面前我们是学生，在同学面前我们是朋友，在上级面前我们是下属。在我们所扮演的角色中，我们必须承担起相应的责任。正是这份责任，让你坚持自己的原则，堂堂正正地做事。

“人”只有在肩膀上担“担子”，才能够长“大”。责任感是一个人做事的脊梁，当把责任二字铭记于心时，你会变得更加刚强。毛姆曾说：“要使一个人显示他的本质，叫他承担一种责任是最有效的办法。”可见，责任是一个人内在的高尚品质。

范仲淹所谓的“居庙堂之高则忧其民，处江湖之远则忧其君”，是在告诫人们，一个人身居高位、大权在握的时候，有责任念念不忘怎么样让老百姓的生活更好，怎么样让老百姓的福利更多；如果一个人不受重用、遭受排挤时候，也要洁身自好，保持自己的操守，修养个人品德，心里也要时刻装着老百姓。古往今来，先贤志士都很注重对责任心的培养。

努力启示

先哲孟子所谓的“穷则独善其身，达则兼济天下”，意思是说如果人身处逆境不得志，就要锐意进取，更多地注重自身品德、能力的提高；若一个人在春风得意之时，还能心怀天下，关心他人疾苦，造福百姓，那么他就是一个真正成功的人士。在这里，孟子把一个人穷时和达时应该有的责任，应该尽的义务讲解得很清楚。

失败者被压力打垮，优秀者化压力为动力

生活中，从来不缺乏各种各样的压力：生存的压力、工作的压力、金钱的压力、心理的压力，等等。在这个被压力压得喘不过气来的社会，我们该如何缓解内在的压力呢？太过负重的压力对我们的情绪是有着重要影响的，一旦压力来袭，情绪就会变得很恶劣，容易生气、烦躁，似乎看什么都不顺眼，内心的情绪积压过久，总想痛快地发泄一通。那些给自己压力太大的人，他们也是总喜欢与自己斗气的人。如果我们将任何事情都当成了一种负担，并在压力的重压下生活，那我们会整日生活在压力、痛苦、烦躁和苦闷之中。一个人若是背着负担走路，那再平坦的路也会让他感到身心疲惫，最后他会因为不堪生活的压力走向不归路。当重重压力袭来的时候，失败者被压力打垮，优秀者却化压力为动力。

这些天，小王正在学习弹琴，由于基本功不太扎实，他练起琴来很费力，尽管自己付出了许多辛勤的汗水，可是，就是不见效果。但是，他心里有极度渴望自己在琴技方面能够有所突破，于是，他每天强迫自己练琴四个小时。

这样，时间长了，他变得时常焦虑，心理上把练琴当成了一种压力，他常常烦躁地问老师："我是不是练不好了""我还能行吗""怎么这么练都不见效果，我干脆还是不练习了吧""难道我就这么放弃了吗"。老师听了，只是微微一笑："你要放松自己，缓解心中的压力，卸下负担，将压力变成动力，这样，心情好了，琴艺自然会有所进步。"过了不久，他的琴艺真的进步了，而之前弥漫在脸上的阴霾已经消失得无影无踪。

人一生中都会面临两种选择，一是改变环境去适应自己，而是改变自己去适应环境。既然压力是已经存在的，根本无法彻底消除的，那我们何不积

极地改变自己，正确引导各种压力成为自己前进的动力呢？

一位留学英国的朋友回国，向同学们讲述了自己在国外的生活：“刚开始，由于自己英文很烂，害怕出糗，整天就把自己关在屋里，看书、上网、看电影，这样的生活状态整整维持了一个月，就让我崩溃了，我开始想：自己是否应该干点什么？”后来，她去了国家应用科学院求学，刚开始的时候，老师讲课自己一半都听不懂，而且，老师讲课也没有教材，只能靠自己做笔记，压力非常大。当时，她想，自己只要及格就行了，没有必要追求名列前茅。于是，每天，她都会拿着同学的笔记来抄，然后，就跟朋友一起出去约会。

临近考试的时候，她才开始“抱佛脚”，背诵笔记，每天只睡三个小时，第一次考试，她及格了。虽然，自己的分数并不是很高，但是，令自己高兴的是老师给全班同学发了一封邮件，在信里，老师这样说：“这次考试，我以为出的题目比较难，但是，令我没有想到的是，班里的三个留学生考得还不错，希望你们继续努力。”老师的鼓励令她受到了鼓舞，她开始认真听课，成绩也越来越靠前了，到了第二年，她的成绩就排在了全班第一，这样的成绩不仅令同学感到惊叹，连她自己都觉得不可思议。最后，她这样说道：“在国外求学的经历堪称跌宕起伏，但是，我并不觉得有什么不好，这些所谓的挫折与困难，让我学会了承受，让我赢得了最后的胜利。我们的生活需要适当的压力，压力教会了我们什么是坚持，最重要的是，让我远离了那种无聊、烦闷的生活，而重新拾起了久违的快乐。”

对优秀者而言，当压力成为了自己前进的动力，那生活将会变得异常美好。生活中其实是需要压力，当我们感觉不到压力的时候，你会发现充斥在生活中的都是无聊、烦闷的气息。但是，一旦生活有了某种压力，在压力的打压下，不自觉地将这种压力当成动力，那我们做什么事情都是精神十足，因为压力驱使着我们将事情做得更完美。

努力启示

在现代社会，几乎每一个人都有压力，其实，适当的压力对我们自身是十分有用的。一个人的潜力究竟有多大呢，我想大多数人都不清楚，对此，科学家指出：人的能力有90%以上处于休眠状态，没有开发出来。是的，如果一个人没有动力，没有磨炼，没有正确的选择，那么，积聚在他们身上的潜能就不能被激发出来，而压力会给他们这样的动力。

第 13 章

别在最能吃苦的年纪，选择了安逸

网络上流传着这样一段话：你不去旅行，不去冒险，不去拼一份奖学金，不去过没尝试过的生活，整天挂着 QQ，刷着微博，逛着淘宝，玩着网游，做着 80 岁都能做的事情，你要青春干吗……年轻人，如果上天善待你，给了你优越的生活，请不要放弃斗志；如果上天对你百般折磨，请不要放弃希望。这个世界，没有白费的努力，没有白走的路。

迷失的时候，选择更艰辛的那条路

在漫漫人生道路上，有着这样或者那样的选择，小到升学，大到择业。是的，在我们的一生中，不知道面临了多少次选择。每一次选择都会带来不同的结果，有的成功了，有的却失败了。虽然，成功与失败并不是我们所能决定的，但是多多少少会与你的选择有关系。当你选择对了，那么你成功的机率就会大很多，事实上，在某些时候，选择会直接决定了你的成败。有人喜欢平坦的大道，有人喜欢曲折的小路，不过，在这里建议所有的年轻人：当你迷失的时候，选择更艰辛的那条路。因为困难的路越走越容易，容易的路越走越难。

什么样的选择就决定着什么样的生活，什么样的目标就决定着什么样的结果，每一次选择都是你将来生活的底片。所以，每一次选择都必须慎重，这样你才有可能为自己选择一个对的方向，促使着人生走向成功。否则，你只会为你不负责任的选择而埋单，那将是痛苦的失败。那么，认真审视，尽可能地把每一次机会都选对，这样你离成功就越来越近。

在安静的寺庙里，有一座木雕神像，它每天受着信徒的顶礼膜拜，享受着尊崇的地位和荣耀，还不断地接受虔诚施主的香火和供奉。但是，旁边的木鱼却没有这样的优厚待遇，它只能被放在神桌前，当和尚要进行早晚诵经的时候，就经受着不断地敲打着。

在某一天夜里，受够了敲打的木鱼实在忍不住了，它向神像问道：“我们都是来自同一块木头，为什么你可以享受供奉，而我却每天都要被和尚们敲打，我难过死了，为什么我们的命运就会有这么大的差别呢？”神像笑了，它说道：“其实，命运差别的原因就在于昨天的抗挫折能力和忍耐强度决定了今天成就的大小。当初，你不肯接受大师的雕刻，所以，现在你只能做一只小小的木鱼。我知道只有经过了雕刻之苦才能成就未来，所以选择了接受大师的雕刻，终于把自己变成一尊受人敬仰的神像。这也难怪我们今天所受的待遇会有天壤之别了。

即使是来自同一块木头，他们也有着不同的选择。因为木鱼忍受不了雕刻之苦，所以只能成为一只小小的木鱼，还要整日受人敲打；而另一块木头选择了更艰辛的路，所以铸就了自己的成功，成为了人人敬仰的神像。年轻人，你是愿意当神像，还是愿意做木鱼，决定权完全在于你自己。人生也是一样的道理，即使是相同能力的两个人，不同的选择也会带来不同的结果。

人生中有许多次选择的机会，如果你想每一次选择都为自己带来成功，那么选对的而不选错的。一次正确的选择，对于一个人的一生来说都是很重要的，它就如同一把打开成功之门的钥匙，只要选择对了，你的人生就会获得莫大的成功。当然，也许你错了，也不是完全不能成功，只不过会多走一些弯路，也耽误了成功的到来。每天我们都面临很多的选择，每天也有许多困惑和烦恼，不知道该选择那一条，那么，不如选择艰辛的路吧。不论对与错，都会努力去做，会变得更慎重、更认真，也会从中学到更多东西，更容易成功。

比尔·盖茨是一个天才，13 岁开始编程，并预言自己将在 25 岁成为百万富翁；他是一个商业奇才，独特的眼光使他总是能准确看到 IT 业的未来，独特的管理手段，使得不断壮大的微软能够保持活力；他的财富更是一个神话，39 岁便成为世界首富，并连续 13 年登上福布斯榜首的位置，这个神话就像夜空中耀眼的烟花，刺痛了所有人的眼睛。

1973 年，盖茨考进了哈佛大学，他和史蒂夫·鲍尔默结成了好朋友。在哈佛的时候，盖茨为第一台微型计算机 - MITS Altair 开发了 BASIC 编程语言的一个版本。

在大学三年级的时候，盖茨毅然决定了退学，离开了哈佛大学，并且把自己的全部精力投入到他与孩童时代的好友 Paul Allen 在 1975 年创建的微软公司中。在计算机将成为每个家庭、每个办公室中最重要的工具这样信念的

引导下，他们开始为个人计算机开发软件。盖茨的远见卓识以及他对个人计算机的先见之明促使了微软和软件产业的成功。

哈佛大学作为世界知名的学府之一，是无数求学者的梦想。而比尔·盖茨却选择了退学，这在当时看来，或许所有的人都认为他的选择是一个错误，但是，事实证明，他并没有选择错误，因为他选择了更艰辛的路，尽管之前走得比较困难，但最后却越来越平坦。

每个人都要学会为自己做一个正确的选择，那才会促使你成功。也许，有人会问什么样的选择才是对的？其实，这个问题并没有实质性的答案，你并不需要问什么样的选择才是对的，而是应该问如何来选择才会是对的。人生总会遇到迷茫而不知道如何选择的时候，决定你能成为什么样的人，不是我们的能力，而是我们的选择。泥泞而又艰辛的路往往会留下清晰的脚印，年轻人，请不要在最能吃苦的时候选择安逸，为了到达终点，请付出别人难以企及的努力。

马在有了马蝇后才会跑得更快

一匹再懒惰的马，只要身上有马蝇叮咬它，它也会精神抖擞，飞快地奔跑。这就是心理学中著名的马蝇效应。马蝇效应告诉我们，需要适时地鞭策自己，方能使自己不断地前进，获得成功。一个人只有被叮着咬着，他才不敢松懈，才会努力拼搏，不断进步。通常情况下，越是有能力的人越容易自负，因为内心有着强烈的占有欲，如果任由这样的情况发展下去，自己会被自满吞噬，安于现状、不思进取；另外，有的人在遭遇了一点点挫折就松懈了，丧失了生活的希望，自暴自弃。其实，在这些时候，我们都需要利用马蝇效应来鞭策自己，赶走身上的自负与骄傲、畏惧与自卑，激励自己，勇往直前，迎接人生新的一天。

1860 年大选结束后，林肯当选为美国总统，他任命参议员萨蒙·蔡思为财政部长，蔡思非常有能力，但是，他狂热地追求最高领导权，而且嫉妒心很强。本来，蔡思想进入白宫，但是，林肯当选了总统，于是，他不得不退而求其次，想当国务卿，但是，林肯任命了西华德，蔡思只好坐了第三把交椅，他对此怀恨在心。一天，巴恩看见萨蒙·蔡思从林肯的办公室出来，巴恩对林肯说："你不要将此人选入你的内阁。"林肯问道："你为什么这样说？"巴恩回答道："因为他认为他比你伟大得多。"林肯恍然大悟："哦，你还知道有谁认为自己比我要伟大的？"巴恩回答："不知道了，不过，你为什么这样问？"林肯说："因为我要将他们全部收入我的内阁。"

后来，《纽约时报》的主编亨利·雷蒙特拜访林肯的时候，特地告诉林肯，蔡思正在狂热地上蹿下跳，准备谋求总统职位。林肯以自己特有的幽默方式告诉雷蒙特："你不是在农村长大的吗？那么你一定知道什么是马蝇了。有一次，我和我的兄弟在肯塔基老家的一个农场犁玉米地，我吆马，他扶犁，这匹马很懒，但有一段时间它却在地里跑得飞快，连我这双长腿都差点跟不上。到了地头，我发现有一只很大的马蝇叮在它身上，于是，我就把马蝇打落了。我的兄弟问我为什么要打掉它，我回答说，我不忍心让这匹马那样被咬，我的兄弟说：'哎呀，正是这家伙才使马跑起来的嘛。'"讲完了故事，林肯意味深长地说："如果现在有一只叫'总统欲'的马蝇正叮着蔡思先生，那么只要它能使蔡思的那个部不停地跑，我就不想去打落它。"

林肯所提出的"马蝇效应"被许多人运用到公司或企业的管理中来，然而，管理好了自己才能有效地管理别人。在日常生活中，我们也需要利用好马蝇效应，适时鞭策自己，使自己努力向前。林肯以"欲求"叮着蔡思先生，其实，每个人对生活都有各种不同的欲求，有的人注重精神的东西，比如荣誉、地位；有的人比较注重物质，比如金钱。对于我们自己来说，最大

的欲求就是梦想了，在人生的道路上，我们要以“梦想”这只马蝇来叮着自己，激励自己，让自己这匹“马儿”欢快地跑起来。

一天夜里，小偷潜入了谈迁的家里，但是，小偷发现谈迁家里空荡荡的，根本没有什么值钱的东西。正当小偷要失望而归的时候，他一眼瞥见了屋子角落里有一个锁着的竹箱，小偷如获至宝，以为里面装着值钱的财物，就把整个竹箱偷走了。其实，那个竹箱里并没有什么值钱的东西，而是谈迁刚刚写好的《商榷》，对小偷来说，这东西一文不值，而对谈迁来说，却是珍贵的书稿。

二十多年的心血化为了乌有，这对谈迁来说，是一个致命的打击。他已经年过半百，两鬓花白，似乎无力坚持下去了。但是，谈迁没有放弃，他不断地鞭策自己：再写一本将会更精彩。在强大信念的支撑下，谈迁从痛苦中崛起，重新撰写那部史书。十年以后，又一部《商榷》诞生了，新写的《商榷》104卷，500万字，而内容比之前的那部更精彩、翔实，谈迁也因而名垂青史。

小偷在无意之间做了那只“马蝇”，促使谈迁鞭策自己，重新撰写了《商榷》这部史书。或许，正是因为再一次的仔细撰写，使得《商榷》更精彩，而谈迁也因此而名声大振。生活有时候就是这样，或是有意无意之间影响自己，然而，只要不停止对自己的激励，我们永远都有再站起来的那一天，成功从来不曾离我们而去。

努力启示

有时候，我们会满足于现状，不思进取；有时候，我们会自暴自弃，甚至破罐子破摔。但是，生活还是要继续，我们停止了前进的步伐是因为我们内心已经松懈、倦怠，所以，适时鞭策自己，不断地鼓励自己，前方就是成功之路。只要我们不断地提醒自己，激励自己，我们就像那匹被马蝇所叮的马儿一样，越跑越快，最终能够将心中的梦想变成现实。

生活不需要眼泪和抱怨，需要汗水和坚韧

意志坚强的年轻人认为世上无难事，越是遭受悲剧和打击，越是表现得坚强。一个拥有坚韧精神的人一定不会怀疑自己是否可能成功，也从来不惧怕失败，因为他们只有必胜的信心和坚韧的精神，只知道不断向前冲，不断向目标靠近。

谈及《哈里·波特》，想必每个人都能说上两句。但很少有人知道，这本书的作者 J.K. 罗琳是哈佛大学的荣誉博士。罗琳曾说："人们有一个共识：人可以从挫折中变得更聪明更强大。"这句话意味着人从此对自己的生存能力有了更好的把握。如果没有苦难来考验你，那么你从来都不会真正懂得自己，懂得你处理各种关系的力量有多大。在人生的道路上开创一番事业的人，他们都深深体会到挫折、苦难对人生的历练。但生活不相信眼泪，也不需要眼泪和抱怨，而需要付出汗水和坚韧。

一个女儿向作厨师的父亲抱怨她的生活，抱怨事事都那么艰难。她的父亲把她带进厨房。他先烧开三锅的水，然后往一只锅里放些胡萝卜，第二只锅里放一只鸡蛋，最后一只锅里放入碾成粉末状的咖啡豆。他将它们浸入开水中煮，一句话也没有说。大约 20 分钟后，他把火闭了，把胡萝卜捞出来放入一个碗内，把鸡蛋捞出来放入另一个碗内，然后又把咖啡舀到一个杯子里。做完这些后，他才转过身问女儿："孩子，你看见什么了？"

"胡萝卜、鸡蛋、咖啡。"女儿回答。父亲让她靠近些并让她用手摸摸胡萝卜。她摸了摸，注意到它们变软了。父亲又让女儿拿一只鸡蛋并打破它。将壳剥掉后，她看到了是只煮熟的鸡蛋。最后，他让她喝了咖啡。品尝到香浓的咖啡，女儿笑了。她怯生生问到："父亲，这意味着什么？"

父亲解释说，这三样东西面临同样的逆境——煮沸的开水，但其反应各

不相同。胡萝卜入锅之前是强壮的，结实的，毫不示弱；但进入开水之后，它变软了，变弱了。鸡蛋原来是易碎的，它薄薄的外壳保护着它呈液体的内脏。但是经开水一煮，它的内脏变硬了。而粉状咖啡豆则很独特，进入沸水之后，它们倒改变了水。“哪个是你呢？”父亲问女儿。“当逆境找上门来时，你该如何反应？你是胡萝卜，是鸡蛋，还是咖啡豆？”

一个人不可能做什么事都一帆风顺，困难和挫折是在所难免的。但是，我们绝不能在挫折面前被吓倒，而是要用理智面对它，冷静地找到战胜它的办法。心理承受能力差的人面对突如其来的挫折或是后退，或是消极抵抗。只有那些敢于挑战困难，能够审时度势，采取积极进取的态度面对挫折的人，才会成就一番事业。

古时候，有两个商人，他们多年经商成功，一帆风顺，但都不知道狗是什么样子的。

第一个商人胆子十分小。一天，他在街上看到有人卖“挫折”，就跑去问：“这小东西蛮可爱的，叫什么呀？”卖狗的人说：“它叫‘挫折’，你要吗？”商人迫不及待地回答：“要、要、要！”他付了钱，并要求卖狗的人把“挫折”送到家里去。卖狗的人走了，他上前抚摩挫折，而挫折凶狠地叫了一声：“汪！”吓得他浑身发抖。他以为自己太高，令挫折不满意，便伏下身子爬到挫折面前，刚伸出手要抚摩它，挫折便咬断了他两根手指头，商人跑出房屋，满山坡奔跑，挫折追在后面，商人一慌坠落进河沟。挫折还不依不饶地叫了数声，才离开。商人被救上岸时，差点儿断了气。

另一个商人在路上碰见了挫折，他也不知道它是什么动物。便小心翼翼地上前，想抚摩它那光滑的皮毛，可挫折凶狠地叫了一声：“汪！”还要扑上来撕咬他，勇敢的商人拿起马鞭向它狠狠地抽了两下，它便老实了，从此对商人服服帖帖。

一天，这两个商人一同去庙里进香拜佛，他们要告辞时，商人问老和尚：“老师傅，拴在树边的那个小动物叫‘挫折’，它到底是什么动物啊？”老和尚笑了笑，说：“人的一生有很多的挫折，其实，挫折是一条狗！你要怕它，它就凶狠；你要不怕它，它就驯服！”

成功者正是靠着坚忍不拔的品质，使自己从社会的底层走向成功。年轻人，永远记住：生活中，幸运只降临在那些具备坚韧精神，为最终胜利孜孜不倦付出的人身上，而缺乏了这种精神的人，哪怕成功近在咫尺，也只会与成功失之交臂。

挫折是一条欺软怕硬的走狗，你越畏惧它，它越威吓你；你越不将它放在眼里，它越对你表示恭顺。坚强的人，即使是面对再多的失败和挫折也阻挡不了他前进的脚步。如果在连续多次跌倒之后，一个人还能充满斗志不言放弃，那他就是一个值得敬佩的人，也是一个定会有所作为的人。

别被“我不能”禁锢了手脚

大屏幕上一次次的颁奖，令人心动不已，谁都想走一次红地毯，谁都想触碰奖杯的荣誉，人生若是得此殊荣，自然是一种幸运，一种辉煌。但是，如此巨大的荣誉和成功却不是每个人都能得到的。生活中的我们如此平凡，但是，请不要忘记了为自己加油喝彩。美国的一位心理学家曾说：“不会赞美自己的成功，人就激发不起向上的愿望。”随时为自己加油往往能带给自己欢乐和信心。当你的信心增强了，又会鼓励你获得更大的成就，与此同时，你的自信心将会进一步增强。

但在现实生活中，有的人对自己缺乏信心，他们总是期望得到别人的掌声。对于这样的情况，一位成功者说：“别在乎别人对你的评价，否则，反而会成为你的包袱，我从不害怕得不到别人的喝彩，因为我会随时为自己鼓掌。”在人生的路途中，我们要保持思路清晰，随时为自己的壮志加油喝彩！

生活中有许多困难与挫折，面对这些困境，许多人总是不由自主地说“我不能……”在这样一种心理的影响下，他们不敢正视现实中的挑战，对自己缺乏信心，最后导致自己的潜力并没有得到充分的发挥。其实，许多人之所以不能成功的原因在于：缺乏自信，总是被“我不能”左右。所以，不妨试着把“我不能”埋在地下，相信自己，为自己加油鼓劲，用积极乐观的心态来面对一切，这样那些困难与挫折就会迎刃而解。

有一天，贝勒夫人给学生们上了特别的一节课。开始上课了，贝勒夫人首先让学生们在纸上写出自己不能做到的事情，一个10岁的女孩子这样写道：“我无法完整地背出太长的课文”“我不会骑脚踏车”“我不知道怎样才能让别人喜欢我”……虽然她已经写了半张纸，却丝毫没有停下来的意思，仍认真地写着。贝勒夫人也忙着写自己不能做到的事情：“我不知道如何让孩子的家长都来”“我不知道怎样帮助玛丽提高她对数学的兴趣”，等等。过了10多分钟，许多学生都已经写满了一张纸，有的学生开始打开了第二张纸，不过，贝勒夫人及时制止了这一行为：“同学们，写完一张就行了，不要再写了。”学生们按着贝勒夫人的指示，把那些写满“不可能做到的事情”的纸对折，然后按顺序来到讲台，把纸放进一个空的鞋盒里。

等所有的纸条都放进去以后，贝勒夫人把自己的纸也放了进去。然后，她将盒子盖上，夹在腋下领着学生走出了教室，路过杂物室的时候，贝勒夫人找了一把铁锹，领着学生来到了运动场，她挑选了一个最边远的角落，开始挖坑。10分钟后，坑挖好了，贝勒夫人吩咐学生将那个鞋盒埋在“墓穴”里，贝勒夫人神情严肃地说：“孩子们，现在请你们手拉着手，低下头，我们准备默哀，朋友们，今天我很荣幸能够邀请到你们前来参加‘我不能’先生的‘葬礼’，‘我不能’先生在世的时候，曾经与我们的生命朝夕相处……您的名字几乎每天都要出现在各种场合，当然，这对于我们来说是非常不幸的……我们更希望您的兄弟姊妹‘我可以’、‘我愿意’、‘我立即就去做’等能够继承您的事业……愿‘我不能’先生安息吧，也祝愿我们每一个人都能够振奋精神，勇往直前！阿门！”

接着，贝勒夫人带着学生回到了教室，还举办了一个庆祝活动。贝勒夫人用纸剪成了一个墓碑，上面写着“我不能”，中间则写上“安息吧”，下面还标明了日期。贝勒夫人将这个墓碑挂在了教室中，每当有学生无意中说“我不能”的时候，贝勒夫人就会指着这个墓碑，学生们便会想起“我不能”先生已经死了，进而想出解决问题的办法。

永远不要让“不可能”禁锢自己的手脚，对自己要充满信心，随时为自己加油，勇敢地向前迈一步，坚持到底，那么，“不可能”就变成了“一切皆有可能”。不可否认，为自己加油是找回自信的最佳途径。不断地为自己加油，告诉自己“我一定能行”，通过肯定自己来不断地增强你奋力向前的信心，从而获得成功。

无论是生活中还是工作中，我们都难免会遭遇到坎坷、曲折、磨难，这时，我们会感到痛苦、迷茫，但是，这些都不是最可怕的，可怕的是自己先否定了自己，自己摧毁自己。

在这关键时刻，更需要相信自己，为自己加油，要坚信命运的钥匙永远掌握在自己的手中。摔了跟头，应该立即爬起来，为自己鼓劲，为自己喊声“加油”；当我们取得一次小成就的时候，应该对自己说“我真棒”；当困难来临的时候，记得给自己打气，对自己说“我一定能行”。那些能为自己加油、喝彩的人，他们一定是会成功的强者。

你缺少的，是一往无前的勇气

勇气是任何事业成功的的基础，一个人缺乏勇气，甚至恐惧缠身，自然会一事无成。有些事固然是看起来容易，做起来难，但现实中也有许多事

情，是看似很难，实际上做起来并不像想象的那样困难的。有时正是自己的畏惧，加剧了自己的怯懦，不敢努力去实践，甚至放弃目标。当然，对困难予以充分的估计是必要的，但不能因此而失去勇气。我们应充分看到自己的能力，鼓起勇气，树立自信，同时辅之以积极的自我暗示，自我激励。如“这点区区小事不值得害怕”，“别人能做到我也能做到”，从而为自己打气，壮胆。在困难与阻力面前要有一股敢斗的勇气和气势，从而战胜自己的畏惧。迎着困难与压力迈出关键的第一步，并义无反顾地大胆往前走。这样成功与希望就会向你招手。

瑟曼是一名普通的学生，她从小就怕水，因此十分畏惧游泳课。面对朋友的邀请，瑟曼只能说：“我怕水，所以不想下水。”朋友们笑着怂恿：“不要因为怕水，你就永远不去游泳……”看着朋友们像海豚一样在水中自由的嬉戏，瑟曼满是羡慕，但是，她觉得自己还是不够勇敢。

一个月后，朋友邀请瑟曼去温泉度假中心，瑟曼终于鼓起了勇气下水了，但是，她还是不敢游到水深的地方。朋友鼓励她：“试试看，看会不会沉下去。”瑟曼大吃一惊：“你说什么？”内心畏惧的瑟曼摇了摇头，朋友亲自做了一次示范，在朋友的坚持下，瑟曼小试了一下，她发现朋友说得没错，这真是一种奇妙的体验。朋友笑着说：“看，你根本淹不死，为什么要害怕呢？”

尼采说：“当我们勇敢的时候，我们并不如此想，我们一点也不认为自己是勇敢的。”有时候，内心畏惧是源于我们总是不断地逃避问题，那些怯弱而畏惧的人通常都是这样。其实，当我们试着去改变自己的内心，让自己内心变得强大起来的时候，我们会惊讶的发现，克服挫折不过如此，它容易得就像是跨过一道门槛。但是，如果总是任由内心畏惧而不去改变，那么，我们将失去许多成功的机会，因为幸运总是降临在那些有着强大内心、坚韧精神的人身上。

内心畏惧的人常常表现为害怕困难，意志薄弱，惧怕挫折，内心异常脆弱。遇到了挫折，总是习惯性退缩或者消极抵抗，不愿意冒险，惊慌失措而不知怎么办才好。其实，内心越是畏惧，挫折就会变得越来越强大；而内心越是强大，挫折就会变得不堪一击。我们要想成功地战胜挫折，首先应该战胜自己内心的畏惧，让自己变得强大起来，挫折与困难才会迎刃而解。

很多时候并不是你的能力不行，也不是你没有机会成就大事业，而是你信心不足，勇敢不够，骨子里成长着一种天然的惰性，一遇上困难就妥协了，退缩了，放弃了。成功者不是这样，他们敢于与命运抗争，劲头十足，不断前进，直到取得自己满意的结果。

人生的种种历练，对于我们来说，可能是一种折磨，但是，它更是一种锤炼，暂时的痛苦算不了什么，只要心中有勇气，一次次经受住磨炼，不畏困难，最后，我们定能炼就出一块坚韧的钢。在日常工作中，我们也会遇到种种困难，有成功就有失败，有喜悦就有眼泪，但是，哪怕是失败和眼泪，它所能带给我们的依旧是不断地尝试，而不是最终的结果。失败算不了什么，关键是你不能失去坚持下去的信心，以及那份深藏内心的坚韧。

努力启示

心怀勇气，有信心攻克难关，最后，你就赢得工作上的成功。谁也不想使自己的一生碌碌无为，人人梦想一生成功、富贵，可是只有少数人与成功、财富结缘。我们常抱怨自己没有遇到好机会、生不逢时，然而机会一旦降临，你是否有足够的勇气和胆识去把握？因为坚韧，百炼成钢，只要心中怀着勇气，自己就毫不畏惧。

吃得苦中苦，方为人上人

一个人如果不通过不断的磨砺来提升自己、完善自己，就会让自己私欲、情欲膨胀，自己的意志也变得软弱。一个人若是要想成就一番事业，那

就必须要不断地磨砺自己，除此之外，别无他法。对成功人士来说，任何苦难都不足以让他心灰意冷，相反更加能鼓舞士气，激发起一定要做成大事的欲望。能吃苦的人，能够得到他所要的东西。吃苦即是成功之路，只有能吃苦才能转败为胜。对所有的人来说，希望和耐心是两剂有特效的自救药，也是人在患难中最可靠的依托和最柔软的依靠。确信无法突破的时候，首先要选择的是吃苦。

曾国藩刚开始办团练的时候，其中除了大量的湘军勇士，还有不少的绿营军，这使得曾国藩面临着更多的问题。而且，在操练中，曾国藩始终坚守着“吃得苦中苦”，对将士们要求十分严格，风雨烈日，操练不休，这对于来自田间的乡勇来说，并不觉得太苦。但是，对于那些平日里只会喝酒、赌钱、抽鸦片的绿营兵来说，却像是“酷刑”，对此，绿营上上下下怨声载道。副将不到场操练，根本不把曾国藩放在眼里，甚至，对底下的士兵宣称：“大热天还要出来操练，这不是存心跟我们过不去吗？”曾国藩一方面忧心军队的操练，一方面还要应付绿营军的捣乱，日子过得十分辛苦。

当时，在长沙城内驻扎着绿营兵和湘勇，绿营军战斗力极差，受到了乡勇的轻视，对此，绿营兵十分愤怒，经常与乡勇发生摩擦。双方水火不容，开始由一些小争执变为战斗。而且，绿营军是朝廷的正规军队，深得清朝庇护，曾国藩所操练的湘军不过是乡间勇士，无人庇护，于是，曾国藩只能严格要求自己的军队，不得与绿营军发生冲突。即使曾国藩一再忍受绿营军的欺辱之苦，但仍改变不了现状，绿营军更加横行霸道，湘军进出城门都会受到公然侮辱。朋友看见曾国藩如此辛苦，劝他参奏绿营军，不料，他却推托：“做臣子的，不能为国家平乱，反以琐碎小事，使君父烦心，实在惭愧得很。”过了一阵子，曾国藩就将湘勇遣往外县，将自己的司令部也移到了衡州。

其实，曾国藩在组建湘军之际，确实是吃了不少苦头，本身，组建军队就将面临着一切苦难，而同时还将遭受绿营军的挑衅，那确实是一段异常辛苦的日子。当时，咸丰帝下令曾国藩办团练，由于朝廷没给军队发军饷，曾国藩作为军队的创办者必须解决军队的军饷问题，然而，这一切困难的问

题，曾国藩都以坚韧的意志忍了过来，他明白“只有吃得苦中苦，方才能为人上人”。历史向我们证明了这一真理，在后来的历史中，湘军成为了曾国藩的骄傲，也使得他成为镇压太平天国运动的最大功臣。

从前有两块石头，它们曾经是难兄难弟。后来，它们的命运却发生了很大的变化：一块受到敬仰和膜拜，受人敬仰的是被人雕成佛像的石头；一块则没人理睬，经常被人踩在脚下，而那块被人踩在脚下的是铺在大殿地面上的石头。

铺在地面上的石头，就报怨命运不公平。它说：“咱俩本来都差不多，凭什么你受人尊敬，我受人踩踏呢？”另一块石头静默不语，一会，它缓缓说道：“人家跪着膜拜我而踩着你，你可知其中的原因？我被雕成佛像，那是忍着千刀万剐的疼痛，被一刀一刀地雕成的，而你担心身上一刀刀被挖被割的痛苦，所以你只能躺在地上，让千人踩、万人踏。”

经历过的苦难其实就是一笔财富，而将会等来成功的一天。的确，对于生活在现代社会的年轻人，苦难何尝不是一笔财富呢？在日常工作中，或许，我们每天都会遇到这样或那样的苦难，在短时期内，我们可能难以接受，也感觉自己跨越不了，但是，只要我们坚定意志，不畏困难，终会成为大器。无论是工作，还是为自己那份理想而努力，只要我们将苦难当成朋友，就一定能熬过去，最后成为“人上人”。

在工作中，在追求事业的过程中，苦难是不可避免的，面对这些苦难，每个人都有自己的选择，有的人选择抱怨，有的人选择自暴自弃，有的人选择隐忍、奋进。

其实，在很多时候，我们都忽视了苦难本身的意义。从古至今，那些大凡取得成就的人，他们无一不承认苦难是自己成功的基石。虽然，苦难让我们变得脆弱，但与此同时，却让我们变得聪慧。所以，学习曾国藩的官场哲学，忍受工作中的苦，不断地磨炼自己，终有一天，你也会成为人上人。

第 14 章
努力是有惯性的，让努力习以为常

性格决定习惯，习惯决定命运。年轻人只有坚持不懈地努力下去，才有可能改变自己的命运。努力也是有惯性的，每天丰富自己的知识，开阔视野，让努力成为生命中的一个习惯，积极进取，最终成为主宰自己命运的人。

每天只做好一件事

哲人说，生活中的坎坷多是由自己、由心造就的。你之所以迷茫、甚至跌倒，多是因为你没有看清自己。清楚地认清自己的实力，选择了一条适合自己走的路。每天积累一点点，成功就会更快降临。但你要知道，成功的尺度不是做了多少工作，而是做出了怎样的成果。确立了目标并坚定地“咬住”目标的人，才是最有力量的人。

目标始终如一的人，能抛除一切杂念，聚积所有的力量，全力以赴向目标挺进。把你需要做的事想象成是一大排抽屉中的一个小抽屉。你的工作只是每天拉开一个抽屉，令人满意地完成抽屉内的工作，然后将抽屉推回去。不要总想着所有的抽屉，而要将精力集中于你已经打开的那个抽屉。一旦你把一个抽屉推回去了，就不要再去想它。

一位曾经到阿拉斯加拜访过爱斯基摩人的作家，回来之后向人们讲述了他在那里的一个见闻：

“永远不要问爱斯基摩人他多大了。如果你问的话，他们也会对你说：‘我不知道，我也不在乎。’再追问下去，他们就会说：‘不到一天大！’爱斯基摩人相信，到了晚上入睡的时候，他们就死了。但在第二天的清晨醒来时，他们又重新复活过来，获得新生。因此，没有一个爱斯基摩人能活过‘一天’！也因正为如此，每一个爱斯基摩人的面容都不带忧愁和焦虑，他们快快乐乐地过着自己的每一个‘一天’。”

“不到一天大！”——这并不是爱斯基摩人的一句玩笑话，仔细地回味这种“不到一天大”的心态与理念，你的心中一定会增添一份深刻的崇敬，甚至还感受到了一种莫大的震撼。

年轻人，给自己一个清晰而合理的目标，在较短的时间内、正常的努力幅度下，它是能高高地踮脚就能够到的，这样的目标才会对你的人生拥有推进的作用。而那些看似远大，只能当作谈资而最终束之高阁的理想，对于它的过分追求，最终成为一种妄想。

只有每次只面对一天，并且把每一天都当作一辈子来过，我们才会万分珍惜这宝贵的一天的每一分、每一秒时光。把每一天都当作一辈子来过，那么，谁还会有时间，去挥霍、去做些无用功呢？

泰德·本杰明，曾经在欧洲服役，现在居住在美国马里兰州。在战场的那段时间，忧虑曾经一度令他精神崩溃。

当时，泰德在 94 步兵师担任士官职务，主要是搜集和记录作战死亡、失踪以及受伤的士兵名单。同时需要帮助挖掘被慌忙之中埋葬的盟国及敌国士兵的尸体，将这些人的遗物转交给他们的家属或最亲密的朋友，毕竟这些遗物对他们亲友具有很大的纪念意义。

泰德的工作很烦琐，他总是担心自己出错，造成难堪，所以他每天都在担心。有时候，他甚至会胡思乱想：在这战乱时期，自己是否可以安全度过这段时间，自己是否可以活着回去，那个 16 个月大的儿子，自己从来没见过，是否可以回去拥抱他呢？泰德又担忧又疲惫，竟然瘦了整整 34 磅。心中充满着对未知的恐惧，以至于泰德精神恍惚，差点疯掉。无聊时，他总会呆呆地看着自己剩下皮包骨的双手，想象着自己回家时非常瘦弱的样子，一瞬间陷入一种恐慌之中。泰德的精神彻底崩溃了，他像一个无助的孩子一样哭泣。他感觉自己非常脆弱，一旦只有他一个人待着，他就会感到伤心得无以复加。在坦克大战开始后不久的一段时间里，泰德经常哭泣，他对生活完全失去了信心。

1945 年 4 月，每天处于焦虑的泰德最终被医生诊断为患了“结肠痉挛”的疾病。这种病会给人带来很大的痛苦，不过病因却是过分忧虑。泰德心想，假如当时战争没有马上结束，他大概会完全崩溃。

最后，泰德住在陆军诊疗站，一位军医给了他改变一生的忠告。当医生给泰德做完全面体验之后，告诉他说：“泰德，你的毛病是在心里，我希望你可以将生活当作一个沙漏，你知道任何人都无法让两粒沙子同时通过瓶颈。

在生活中，我们每个人都好像是一个漏斗，每天都有许多事情需要我们尽快去完成，但是我们只能一件一件地完成，假如我们让工作如同沙粒一般均匀地缓缓通过瓶颈，那整个沙漏是可以正常工作的，我们的生理和心理也是非常健康的。”

每天做好一件事，每天都能做好手边的事，有几个人能够做到？在现实生活中，有些人并不是好高骛远，在生活的重压下，眼前的一点点收获和利益不足以满足他们那颗强烈追求的心。于是，他们的眼光变得很长远，长远到遥不可及但却异常渴望。不知不觉，高不成低不就成了他们的习惯，在对生活的憧憬中，偶然有一天他们低头会发现，原来自己每一天都荒废了，都在原地的小小的圈子里踏步，远走的是心，而不是自己的脚步。

人生的时间、精力极其有限，想让有限的时间、精力造就人生最大的成功，就必须要拣对成功价值最大的事情去做。也就是说，我们每天都要有清晰的目标可以追求，每天做好一件事，这一个月，这一年，你将会有巨大的成长和收获。

努力启示

用心把一天中最重要的那件事做好，执着地追求，你就会发现，你所有的行动都会带领你朝着这个目标迈进。在激烈的竞争中，如果你能做好一天中最重要、最清楚的事情，成功的机会将大大增加。

每天保持学习的习惯

许多的年轻人在即将步入社会或刚刚步入的时候，都拥有奋力打拼，成就事业的野心，他们往往觉得自己已经学成出徒了，该到了大显身手、建功立业的时候了，他们觉得在学校的时间才是真正学习的时间，走出学校需要的就是拼搏、拼搏、再拼搏。

事实真的是这样吗？就一个普普通通的本科毕业生来说，6 年小学、6 年中学、3 年高中、4 年大学，加一起有 13 年的时间待在学校，那么一个人在学校到底学到了什么东西？你肯定听到过新入职的毕业生说过："学校里学到的知识直接用于工作的部分几乎没有多少。参加工作之后，我才开始真正地学习用以谋生的知识！"

宋朝思想家朱熹说过："无一人不学，无一时不学，无一地不学，无一物不学。"这正是终生学习的一种境界。我们常说"活到老，学到老"，在生活和工作中不断地充实自己的头脑，积聚更多更新的知识，在"升级"大脑的同时，增强自身的竞争力，成功和财富就会自然而然地流到你的身边。

在教室里，一群聚集在一起的大四学生正在讨论着即将开始的考试——大学时代最后一科考试。他们脸上充满了自信和愉悦，走出校门的一天终于就要到来了。他们中的有些人已经找到了工作，有的即将会得到工作。带着四年在学校学到的知识，他们相信自己已经准备好了去接受社会的挑战。

他们知道这场考试将会是"小菜一碟"，因为教授说过，他们可以带任何书或笔记，只要不交头接耳就可以了。

他们兴冲冲地走进了考场，当教授把试卷发下来后他们的笑容更灿烂了，因为只有五道题目。

三个小时过去了，考试就要结束了，教授已经准备收试卷了。此时大家看起来已不再那么自信了，他们脸上是一种焦躁不安的表情，没有人说话。教授看着他们问："完成五道题的有多少人？"没有一个人举手。教授又问："完成四道的有没有？"还是没人举手。

"三道、两道呢？"学生们此时有些不安了。教授又问："那做出来一道的总该有吧？

但教室仍是一片沉默。教授继续说："这其实正是我期望的结果，我想

让你们知道：即使你们已经完成了四年的大学学习，但你们不知道的还有很多，仅仅是专业上你们也还有很多不知道的。”然后微笑地对他们补充道：“你们都会通过这次考试，但请大家记住：即使你们已经毕业，你们学习的路程也只是刚刚开始，你们需要用一生去学习！”

对于刚刚步入社会的年轻人来说，行业与职场上的竞争压力日渐增大，一个人要想在社会上更好地生存，在自己的职位上谋求更大的发展，在生活中拥有更高的生活条件，就必须让自己懂得并践行终生学习的道理。

被称为“台湾芯片之父”的张仲谋曾说：“当我回顾这几十年的工作生涯，我发现只有在工作前5年，用得到过去在大学、研究院所学的20%~30%的知识，之后的工作生涯，直接用到的部分几乎等于零。”

苏格拉底曾说：“世上只有一样东西是珍宝，那就是知识；世上只有一样东西是罪恶，那就是无知。”由此可见，终生学习，不断获得新知的重要性和必要性。“我们今天知道的东西到明大就会过时。如果我们停止学习，就会停滞不前。”多萝茜·比琳顿的这句话，再一次强调了走终生学习与自我进步相辅相成的关系。

努力启示

“逆水行舟，不进则退”的道理听起来很浅显，但做起来实属不易。终生学习就是要随时保持高涨的求知的热情，以谦虚的心态观察周围的事物和人，见贤思齐，学习他人的优点，掌握更精深的专业技能。如果你认为自己已经学会了一切，并不准备继续学习了，那么在你做出这个决定的那一刻就是你的竞争对手开始超越你的时刻。只有准备用一生去学习并付诸行动的人才会获得更长久的发展！

每天都要推销自己

俗话说:“美玉藏于深山，人不知其美，黄金埋于地下，人不知其贵。”一个优秀的人，如果只是深藏不露，而不能表现自己，人们就不能看到他存在的价值。这样下去，即使他有绝世的才华，也渐渐会被埋没。现在是一个讲究张扬自己个性的时代，尤其是身处职场上的人们，在关键时刻恰当地张扬也就是“秀”一下，不失为一个引起别人注意的好方法。天上不会掉馅饼，机会是要靠创造的。相信自己，相信自己的能力，相信自己的才华，而且勇敢地在别人面前表达出来，你就会接近成功。

有很多的人在苦苦等待机会降临在自己的身上。但是殊不知，一味地等待机会的降临是一种多么无知而可笑的想法。就像成功学大师卡耐基所说:“没有机会，这是失败者的推诿，许多奋斗者的成功，都是他们用自己的能力去创造机会的。”

微软（中国）有限公司原总经理吴士宏，在1985年离开了原来毫无生气甚至满足不了温饱的护士职业，她鼓足勇气，走进了世界最大的信息产业公司IBM公司的北京办事处。面试像一面筛子。两轮的笔试和一次口试，她都顺利地滤过了严密的网眼。最后主考官问她会不会打字，她条件反射地说:会!

“那么你一分钟能打多少？”

“您的要求是多少？”

主考官说了一个标准，吴士宏马上承诺说她可以。因为她环视四周，发觉考场里没有一台打字机，果然，主考官说下次录取时再加试打字。

实际上吴士宏从未摸过打字机。面试结束，她飞也似地跑回去，向亲友借了170元买了一台打字机，没日没夜地敲打了一星期，双手疲乏得连吃饭

都拿不住筷子，她竟奇迹般地敲出了专业打字员的水平，以后好几个月她才还清了这笔不少的债务，而IBM公司却一直没有考她的打字功夫。吴士宏就这样成了这家世界著名企业的一个最普通的员工。

任何人的成功都是来自于自觉自愿地去寻找机会、发挥创造力。那些甘于沉沦和平庸的人最终会沉沦和平庸下去，而那些主动执行、善于创造机会的人，则从最平淡无奇的生活中找到一丝微弱的机会，他们用自身的行动改变了他们的处境。

一位刚毕业的女大学生到一家公司应聘财务会计工作，面试时即遭到拒绝，因为她太年轻。女大学生却没有气馁，一再坚持。她对主考官说："请再给我一次机会，让我参加完笔试。"主考官拗不过她，答应了她的请求。结果，她通过了笔试，由人事经理亲自复试。

人事经理对这位女大学生颇有好感，因她的笔试成绩最好。女孩的话让经理有些失望，她说自己没工作过，唯一的经验是在学校掌管过学生会财务。他们不愿找一个没有工作经验的人。人事经理只好敷衍道："今天就到这里，如有消息我会打电话通知你。"

女孩从座位上站起来，向人事经理点点头，从口袋里掏出一美元双手递给人事经理："不管是否录取，请都给我打个电话。"人事经理从未见过这种情况，竟一下子呆住了。不过他很快回过神来，问："你怎么知道我不给没有录用的人打电话？"

"您刚才说有消息就打，那言下之意就是没录取就不打了。"人事经理对这个年轻女孩产生了浓厚的兴趣，问："如果你没被录用，你想知道些什么呢？"

"在什么地方不能达到你们的要求，我在哪方面不够好，我好改进。"说完，女孩微笑着解释道："给没有被录用的人打话不是公司的正常开支，所以由我付电话费，请你一定打。"

人事经理马上微笑着说："请你把一美元收回。我不会打电话了，我现在就正式通知你，你被录用了。"就这样，女孩用一美元敲开了机遇大门。

在人生的旅途中，每个人都会遇到很多成功的机会。在机会面前每个人的态度是不相同的。有的人把握住机会，努力发展；有的人和机会擦肩而过，视而不见；有的人寻求机会，捕捉超越的空间；有的人不思进取，坐等机会的到来。我们应以积极的态度，捕捉机会，把握机遇，为自己寻找一片翱翔的艳阳天。

努力启示

一个人要想有所成就，就不要奢望别人主动地来关注自己，而是要积极主动地把自己的才干展示给他们看。一次不行，就多表现几次，在一个地方表现无效，就在多个地方进行表现。表现多了，被发现、被赏识的可能性就会增大。把自己的美展示给别人，从而赢得机遇的青睐，仅仅需要一些勇气。

每天寻找一种成功的方法

很多人在生活和工作中习惯于将一些借口放在嘴边，以掩饰自己的懒惰、平庸、无能。就如小时候，每当我们不小心摔倒后，第一个念头就是找找看是什么东西绊了脚一样。我们总是怪别人乱放东西，尽管那样做对于疼痛的减轻并没有直接效果，这也不是自己跌倒的直接原因，但能找到一个可以责怪的对象多少算是一种安慰，可以证明自己没有责任。

多年以后，当我们肩上的担子更加沉重，当挫折接二连三出现时，也总是不自觉地会找出许多客观原因来开脱自己，实在找不到原因时就说自己的命不好。我们并不认为这样开脱自己其实是一种绝对的幼稚，因为我们总在想方设法地一次又一次欺骗自己。仔细想想，为什么你收获很少，至今仍没有按照自己的意愿生活呢？是否因为你总是习惯于失败，有借口地去失败，

而缺少寻找方法、开拓思路的勇气呢？

张三和李四同时受雇于一家店铺，拿同样的薪水。但一段时间过去了，张三青云直上，李四却原地踏步。李四想不通，老板为什么会如此厚此薄彼？

有一天，老板对李四说："你现在到集市上去一下，看看今天早上有卖土豆的吗？"不一会儿，李四回来了，向老板汇报说："只有一个农民拉了一车土豆在卖。"老板又问："有多少？"李四没有回答，于是，赶紧又跑到集上，然后回来告诉老板："一共40袋土豆。"老板继续问道："价格呢？"李四委屈地回答："您没有让我打听价格。"

这时，老板把张三叫来，说道："张三，你现在到集市上去看一下，看看今天早上有卖土豆的吗？"张三很快就从集市回来了，他向老板汇报说："今天集市上只有一个农民卖土豆，一共40袋，价格是两毛五分钱一斤。我看了一下，这些土豆的质量很不错，价格也很便宜，于是顺便带回来一个让您看看。"张三一边从提包里拿出土豆，一边说："我想这么便宜的土豆一定可以挣钱，根据我们以往的销量，40袋土豆在一个星期左右就能全部卖掉。而且，咱们全部买下来还可以适当优惠。所以，我把那个农民也带来了，他现在正在外面等着你回话呢。"

可能，我们都明白了为什么张三和李四有如此不同的待遇。李四只懂得蛮干，结果，却是吃力不讨好。但是，聪明的张三却很懂得调整做事的方法，他更擅长观察、思考和总结，结果，三两下就把事情做完了。

"方法总比问题多"，在遇到困难时，智者通常会这样鼓励自己，他们对拥有种种借口的愚者往往嗤之以鼻。不会思考，只会退缩的人，注定难能成其大事。年轻人在社会上打拼，做任何事情，都不能拖拖拉拉，总有借口，一定要看清摆在自己面前的各种利弊，学会变化角度，从最有利于自己的地方开始突破，这样就有助于把事情办成。

世界著名的成功学大师拿破仑·希尔曾著过《思考致富》一书。为什么是"思考"致富，而不是"努力工作"致富？希尔强调，最努力工作的人最终绝不会富有。如果你想变富，你需要"思考"，独立思考而不是盲从他人。

成功者最大的一项资产就是他们的思考方式与别人不同，就是在于他们做事时拥有更多的更为合理的方法。

某些年轻人看到别人做出不凡的成就时，往往会认为他们是起点高或者天生的走运，却很少会想到是那些人善用脑力的结果。善于思考的人善于改变，思考对于行动，是“磨刀不误砍柴功”，将自己的现状、前景和方向分析得很透彻的人，远远胜于所有盲目的奔波。

每天发掘自己的潜能

如果你不能发现自己的优势和价值，而总是看到自己的短处和不足，那么即使你像老汉那样拥有了一辆马力强劲的汽车，你也不懂得怎样用钥匙拨动它。有人曾说过：“1 分钱和 20 块钱如果同时被扔进大海中，它们的价值就毫无区别。”只有当你将它们捞起来，并按照正确的方式使用时，它们才会各自显现价值。

从前，美国有个相貌极丑的人，走在街上行人都要对他多看一眼。他从不修饰，到死都不在乎衣着。窄窄的黑裤子，伞套似的上衣，加上高顶窄边的大礼帽，仿佛要故意衬托出他那瘦长条似的个子。他走路姿势难看，双手晃来荡去。

他是出身小地方的人，直到临终，甚至已经身任高职，举止仍是山间野夫的样子，仍然不穿外衣就去开门，不戴手套就去歌剧院，讲不得体的笑话，往往在公众场合忽然忧郁起来，不言不语。无论在什么地方——法院、讲坛、国会、农庄，甚至他自己家里，他处处都显得难以相容。

他不但出身贫贱，而且身世蒙羞，是个私生子，他一生都对这个缺点非常敏感。

没人出身比他更低，但却没人比他升得更高。

他就是后来的美国总统——林肯。

一个人有这么多的弱点而不去补偿，他怎么取得非凡的成就呢？

对于林肯来说，他并不是用每一个长处抵每一个短处来求补偿，而是凭借伟大的睿智与情操，使自己凌驾于一切短处之上，置身于更高的境界。他只在一个方面，就是教育方面，直接补偿了自己的不足。他拼命自修来克服早期的障碍。他在烛光、灯光和火光前读书，读得眼球在眼眶里越陷越深。他填写国会议员履历，在“教育”这个项目下填的是“有缺点”。

每个人生来都不是完美的，都会又不足之处，同时，每个人又都是一座宝藏，所不同的是，有些人在年轻力壮时就开始挖掘自己，以至于让自己快速地蜕变，显现出耀眼的光芒。而有些人从一开始就浑浑噩噩地过日子，他们不知道虽然也有着自己的梦想，但他们的脚步从来都没有离开过温暖的床榻。待到年老时，看到那些除外闯荡的人都衣锦还乡，再想挖掘自己、闯荡世界，已经有心而无力了。

《圣经》中有个关于才能的故事，大意是说上帝曾经分别给了三个人几种才能，不过第一个人只有一种才能，第二个人有三种，第三个人有五种。一段时间之后，上帝突然问起他们在此期间都做了些什么事情。第三个人回答说：“我利用5种才能努力工作，结果却因此具备了10种才能。”上帝听完之后，很高兴地夸奖他：“你做得很好！由于你善于利用才能，因此我将赋予你更多的才能。”

第二个人也同样地增加了自己的才能，但是第一个人却抱怨说：“主啊！你给了别人很多才能，却只给我一种，真是不公平啊！我知道你是既严厉又残忍的主，所以我把你给我的才能给埋葬了。”上帝闻言后，很生气地说：“你真是又懒又坏！”随后便取走了他的才能，转而恩赐给其他两人。

发现自己，从自身的某一点进行突破，命运的闸门才会最终被你涌破，生命之水才能在梦想的河渠里尽情流淌。回顾历史，那些发现自己，拓展自己的伟人的生平就是一部奋斗史，读达尔文、济慈、康德、拜伦、培根、亚士多德的传记，就不会不明白，他们的品行和一生，都是因为弥补个人缺陷造就的：像亚历山大、拿破仑、纳尔逊，是因为生来身材矮小，所以立志要在军事上获得辉煌成就；像苏格拉底、伏尔泰，是因为自己很丑，所以在思想上痛下工夫而大放光芒的。他们早早地意识到自己的不足，更早早地开始发展自身的优势，从而快人一步，成就了自己卓越的人生。

努力启示

其实，每个人身上都存在着未被开发过的领域，若你消极地认为“天生就是如此”，那说明你对自己缺乏正确的认识，就像小河觉得自己只是流动的液体，却没发现自己也可以是漂浮在空中的水气。挖掘自己的潜力，你就能够有所突破，而这种改变的勇气，也是成功者必须具备的特质之一。

人人都可以成为自己命运的建筑师

在很多时候，一个人在成功路上的最大障碍恰恰就是自己。因而，你应该努力学会清除前进路上的荆棘。自私自利、贪图安逸、傲慢无礼等都是阻止自己前进脚步的障碍；怯懦、怀疑和恐惧则是自己最大的敌人。所以，你要时时警惕自己身上的弱点，拥有了征服自己的勇气，就会征服一切困难。

人生最强大的敌人就是自己，最大的挑战就是挑战自我。自信方能自强。只有自信，才能做到知难而进，才能有临渊不惊、临危不惧的英雄本色。很难相信一个连自己都不敢肯定的人能够得到别人的认可，只有真的相信自己，才能够得到别人的信任，也才能够创造出自己事业上的奇迹。

尼克松这样一个大人物，却因为一个缺乏自信的错误而毁掉了自己的政治前程。1972年，尼克松竞选连任。由于他在第一任期内政绩斐然，所以大多数政治评论家都预测尼克松将以绝对优势获得胜利。然而，尼克松本人却很不自信，他走不出过去几次失败的心理阴影，极度担心再次出现失败。在这种潜意识的驱使下，他鬼使神差地干出了后悔终生的蠢事。他指派手下的人潜入竞选对手总部的水门饭店，在对手的办公室里安装了窃听器。事发之后，他又连连阻止调查，推卸责任，在选举胜利后不久便被迫辞职。本来稳操胜券的尼克松，因缺乏自信而导致惨败。

生活绝不会怜惜失败者，在挫折面前，勇者进懦者退。人生的成功属于失败中坚持崇高理想的强者。自信的树立与巩固，与人生的不断收获是分不开的。自信不是天生的，也不是想达到什么程度就达到什么程度，当人们在具体的职业上，经过不断地学习，增添了新的智能并在实践中加以良好的运用，而不断取得新的成效有所进步、有所发展时，自信心就会不断地提升，并长此以往，形成一种自觉的心理态势，达到“自信人生两百年，会当击水三千里”的境界。

培根曾说过：“人人都可以成为自己命运的建筑师。”当我们面对前进路上的荆棘，不要畏缩，因为通往云端的路只会亲吻攀登者的足迹；当我们面对人生路上的挫折，不要灰心，因为试飞的雏鹰也许会摔下一百次，但肯定会在第一百零一次试飞时冲入蓝天。

失败是人生的熔炉。它可以把人烤死，也可以把人变得坚强自信。这就要看你面对失败的心态是否乐观。若是你不战自败，那你就彻底陷入失败的沼泽中了。此时，你输给的不是别人，而是自己。

疯狂英语的创始人李阳，他的英语不是说出来的，而是喊出来的。李阳在读大学时，英语成绩一塌糊涂，尤其是听力和口语。一次，李阳被老师叫起来回答一个简单的问题，李阳知道这个问题的答案，可就是说不出来。于是他对老师说：“我可以写在纸上再给你看吗？”同学们都哄堂大笑。老师生气地说：“这么简单的句子都说不出来，你还是大学生吗？”接着老师又转过身去对同学们说：“如果你们不好好学习口语就像李阳这样。”“就像李阳这样”，这句话深深地伤害了他。从那时起，他就下定决心，非要把口语练好不可！

于是，他想到了一个办法。他每天早晨坚持到学校后面的小山上去练习口语，练习的时侯，不是说，而是大声地喊出来，更让人不可思议的是，他的嘴里竟然含着石头。李阳认为，口语不好，主要是两个原因：一是胆子小，不敢说；二是，发音不准，说出来别人也听不清楚。喊英语，能练胆子；含石子，能练发音。就这样，李阳坚持不懈地练习口语，风雨无阻。遇见熟人，也不怕别人耻笑，即使别人骂他疯子，他也不在乎。

功夫不负有心人，奇迹出现了，三个月后，李阳不仅能流利的回答出英语老师的问题，甚至还为老师纠正部分错误的发音。时至今天，“李阳疯狂英语”成了英语学习产品当中最响亮的一块牌子。

命运往往就是这么奇怪，它在赐予一个人成功之前，大都要设置下一道道屏障，来考验一个人的毅力与勇气。因此，那些怯懦者，只能在失望和抱怨之中，走过一生。而只有那些知难而进、勇于跟厄运搏击的人，才能最终品尝到命运之神的精美馈赠。

在通向成功的人生征途中，必定会荆棘丛生、困难重重。当你走在这条征途上时，是否会因为遇到因难而畏缩不前？是否会因为遇到挫折而自暴自弃？成功始于自信，这个道理人人皆知，但并非人人都能做到。试问：当艰巨的任务摆在你面前时，你能够充满信心地勇敢上前吗？

努力启示

我们生活在竞争如此激烈的社会中，每个人都想要获取胜利、出人头地。但是，经过多少次的失败，我们才真正的明白，那个最终使我们受伤的强大的敌人，深深地隐藏在我们自己的心中，这个世界上真正能够打败你的人，唯有你自己。在人的一生中想得最多的是战胜别人，超越别人，凡事都要比别人强。其实，人一生中面临的最大困难和敌人就是自己。战胜了自己，你将战胜一切！

第15章

不懈努力，才是可以改变未来的力量

当人生不如意的时候，我们用一个词来安慰自己——命运。然而，传说中主宰命运的上帝却说：“我赋予每个人的天赋只决定他命运的一半，而其余的则在于他自己如何把握。”命运就在我们手中，但需要我们自己去创造；幸福就在我们手中，但需要我们不断地努力。因为你的努力，才是可以改变未来的力量。

努力，是一生不懈的坚持

生活在这个竞争激烈的社会，每个年轻人都渴望能够逃离这种生活，隐居在一个世外桃源的地方。不过，这种想法只是暂时的懈怠。如果你财力平平，尚处于打拼的事业阶段，那么努力才是一生不懈的坚持。在这个过程中，积极面对生活的压力和工作的竞争，让自己努力做到最好，这才是人生的价值所在。

许多年轻人自我感觉良好，寻得一个不错得职位，拿着不低的薪水，自以为这一生就这样平平淡淡地度过了。然而，生活总是千变万化，或许你今天还满足于安逸的生活，明天就有新的竞争找上门。你是该努力还是在原地踏步？如果你有能力做到更好，甚至有能力自己创业，那为什么不去做呢。

现今社会，不断学习，获得新的知识是每一个人都需认真对待的事情，置身于这个信息高速发展的时代，你会深切地体会到“逆水行舟，不进则退”的道理。不断充实自己，努力做到更好，这才是竞争中处于优势地位的长久之道。

一天，一位企业家为一群商学院学生讲课。他现场做了演示，给学生们留下一生难以磨灭的印象。

站在那些高智商高学历的学生面前，他说：“我们来个小测验。”他拿出一个1加仑的广口瓶放在他面前的桌上。随后，他取出一堆拳头大小的石块，仔细地一块块放进玻璃瓶里。直到石块高出瓶口，再也放不下了，他问道：“瓶子满了吗？”所有学生应道：“满了。”管理专家反问：“真的？”

他伸手从桌下拿出一桶砾石，倒了一些进去，去敲击玻璃瓶壁使砾石填满下面石块的间隙。“现在瓶子满了吗？”他第二次问。但这一次学生有些明白了，“可能还没有。”一位学生应道。“很好！”专家说。

他伸手从桌下拿出一桶沙子，开始慢慢倒进玻璃瓶。沙子填满了石块和砾石的所有间隙。他又一次问学生：“瓶子满了吗？”“没满！”学生们大声说。他再一次说：“很好。”

然后，他拿过一壶水倒进玻璃瓶直到水面与瓶口持平。接下来企业家发问：“你们明白了什么道理了吗？”同学们纷纷发言，最后，他笑着说道：“你们的看法也是对的，但我认为这个演示说明的意思是，哪怕你工作得再好，但只要你继续努力的话，你完全可以做得更好！”

哪怕你工作得再好，但只要你继续努力的话，你完全可以做得更好。许多年轻人刚获得一点点成绩就安于现状、不思进取，最终他的人生高度也仅此而已。一个有崇高目标、期望成就大业的人，总是不停地超越自我，拓宽思路，扩充知识，敞开生活之门，希望比周围的人走得更远。他有足够坚强的意志，激励自己做出更大的努力，争取最好的结果。

作为年轻人，以谦虚的心态观察周围的事物和人，见贤思齐，学习他人的优点，掌握更精深的专业技能。如果你认为自己已经学会了一切，并不准备继续努力了，那么在你做出这个决定的那一刻就是你的竞争对手开始超越你的时刻。只有准备用一生去学习并努力做到最好的人才会获得更长久的发展！

年轻人，如果你想赢得成功，就需要去尝试一些别人不敢走的路，去努力走下去。只要你能走好这条路，那就很容易超越那些曾经比你优秀的人。假如年轻人做起事情来总是精益求精，总是令人称赞，那伯乐自然会赏识你，而且在必要时还会提携你一把。在努力的路途中，年轻人必须把经验、学识、智慧和创造力尽情展示，尽可能地做到惊人的效果，为自己的发展创造条件，因为努力从来都是一生的坚持。

Google中国区总裁李开复在攻读博士学位时，通过自己的努力，把语音识别系统的识别率从以前的40%提高到了80%，学术界对他的工作给予了充分的肯定。当时，他的老师认为，只要把已有的结果加工好，写好论文，几个月之内他就可以拿到博士学位了。

但是，李开复很清楚，第一步的成功给他提供的只是一个机遇，而不是

一个答案，因为80%的识别率虽然已经很优秀了，决不是最后的最佳结果。而且，他已经公开发表了研究成果，每一个研究机构都会学习、使用他的方法，所以，如果李开复当时放松下来，不再做实验，埋头写论文以求尽快毕业的话，别的学校或公司很快就会超过他。

所以，李开复不但没有放松，反而更加抓紧时间研究攻关，甚至为此推迟了他的论文答辩时间。那时候，他每周要工作七天，每天工作16个小时。这些努力没有白费，它们让李开复的语音识别系统百尺竿头更进一步，识别率从80%提高到了96%。在李开复毕业之后，这个系统多年蝉联全美语音识别系统评比的冠军。如果李开复当时在80%的水平上止步不前骄傲自满，而不去精益求精完善它的话，他就不能取得今天的辉煌。

年轻人拥有无限的精力，就应该多付出一点时间，为了理想拼搏一下，努力一些，最终的成败姑且不提，至少在你暮霭之年时，不会后悔自己一生碌碌无为、平平庸庸。我们每个人都希望自己的生活能像渴望中那么成功，现实中的确有不少的人做到了，而这一切都是由他们自己创造的。

努力启示

每个人都渴望自己走在通往成功的捷径上，但你可知道，这捷径除了努力之外，别无他路。成功是什么？成功是一种超越自己的渴望。成功就是别人付出五分的努力，而我们付出十倍、百倍的努力。在这个世界上，从来没有天上掉馅饼的好事，而且比你优秀的人多了去了，你所需要的是比他们多一份的努力和坚持。年轻人，永远记住，努力是一生不懈的坚持，只要你努力了，那就多了成功的可能。

成功，不在能知，乃在能行

卡内基曾经说："只要你向前走，不必怕什么，你就能发现，成功一定是你的！"一个有积极态度的人，不会只停留在已有的条件或已有的成绩上，他总是不停地开拓，不停地创造。世界是变化的，社会是发展的，因而不能被动地守着原有的东西，而应该是主动地适应着这种变化，不断地创新，不断地前进。谁有这种主动创新的积极态度，谁就能不断地排除困难，不断地获得成功。

犹豫不决的年轻人总是想"现在""明天""将来"之类的句子，其实这些字眼与"永远不可能做到"的意义是相同的。如果你要想成功，那现在就去做。立刻开始工作，态度要主动积极，要自告奋勇去改善现状。要主动承担义务工作，向大家证明你有成功的能力与雄心。

有了目标，没有行动，一切都会与原来的目标背道而驰。有了积极的人生态度，没有立即行动，一切都极有可能转向成功的反面。所以说，主动是一切成功的创造者。赫胥黎的名言："人生伟业的建立，不在能知，乃在能行。"并且孜孜不倦地强调"行"乃是扭转人生最有力的武器。

钢铁大王安德鲁·卡内基，19岁的时候在宾夕法尼亚铁路公司做电报员，一次偶然的机会，卡内基处理了一件意外事件，使他得到提升。

当时的铁路是单线的，管理系统尚处于初期阶段，用电报发指令只是一种应急手段，有很大的风险，只有主管才有权力用电报给列车发指令。斯考特先生经常得在晚上去故障或事故现场，指挥疏通铁路线，因此许多时候他都无法按时来办公室。

一天上午，卡内基到办公室后，得知东部发生了一起严重事故，耽误了向西开的客车，而向东的客车则是信号员一段一段地引领前进，两个方向的

货车都停了。到处都找不到斯考特先生，卡内基终于忍不住了，发出了“行车指令”。他知道，一旦他指令错误，就意味着解雇和耻辱，也许还有刑事处罚。

卡内基在《自传》中写道：“然而我能让一切都运转起来，我知道我行。平时我在记录斯考特先生的命令时，不都干过吗？我知道要做什么，我开始做了。我用他的名义发出指令，将每一列车都发了出去，特别小心，坐在机器旁关注每一个信号，把列车从一个站调到另一个站。当斯考特先生到达办公室时，一切都已顺利运转了。他已经听说列车延误了，第一句话就是：‘事情怎样了？’”

当斯考特先生详细检查了情况后，从那天起斯考特先生就很少亲自给列车发指令了。不久公司总裁汤姆逊先生来视察，见到卡内基便叫出他的名字，原来总裁已经听说了他那次指挥列车的冒险事迹。

不同的行动就会产生不同的结果，从结果中又可带出新的行动，把我们带向特定的方向，最后就决定了我们的人生。这就是何以少数人能从芸芸众生中脱颖而出的原因，他们不但有行动，并且有不同于一般人的主动。不要再只是被动地等待别人告诉你应该做什么，而是应该主动去了解自己要做什么，并且规划它们，然后全力以赴地去完成。想想今天世界上最成功的那些人，有几个是唯唯诺诺、等人吩咐的人？

其实，在主动进取的人面前，机会是完全可以“创造”的。新中国石油战线的“铁人”王进喜有一句名言：“有条件要上，没有条件创造条件也要上。”创造条件就是创造机会。如果你想要成就某种事业而又不具备相应的条件，你就没有机会，而当你通过努力使自己具备了这些条件，就为自己创造了机会。努力提高自身的能力和水平，增强自身的优势，就会使自己面临更多的机会，对于一个人和一个企业都是如此。

我国著名导演张艺谋在成为大导演之前可谓历经坎坷曲折，但他以进攻的姿态为自己创造了一次次机遇。1978年，北京电影学院在恢复高考后首次招生，按他的家庭情况他是难过“政审”关的。但他用自己几年来的摄影作品“开路”，给素昧平生的文化部长黄镇写了一封恳切真诚的信，并附上自己的作品。颇通艺术的部长有强烈的爱才之心，派秘书去电影学院力荐张艺谋。

尽管在校表现优秀，但命运仍然对他不公，毕业后他被分配到广西电影制片厂。但他并没有因处境不佳而自我埋没。外部条件不好，厂小、人少、设备差、技术力量薄弱，是不利的因素。但这里也有大厂所不具备的条件，那就是科班毕业生少，名导演、名摄影师少，因而论资排辈的做法不像大厂那么突出。张艺谋主动请缨，挑起大梁，以卓越的摄影才能，一炮打响，荣获“中国电影优秀摄影奖”，并成为第五代影人崛起的标志。

年轻人，做个主动的人，要勇于实践，做个真正做事的人，不要做个不做事的人。创意本身不能带来成功，只有付诸实施时创意才有价值。用行动来克服恐惧，同时增强你的自信。怕什么就去做什么，你的恐惧自然会立刻消失。自己推动你的精神，不要坐等精神来推动你去做事。主动一点，自然会精神百倍。

许多年轻人被成功拒之门外，并不是成功遥不可及，而是他们不能发现自己，主动放弃，认定自己不会成功。事实上，只要你每天限定自己一定要超越自我一些，成功便自会出现在你眼前。成大事的人就是如此。要获得卓越成就，你就应该主动追求。思想积极了，你才会摒弃懒散的习性。你必须让潜意识充满积极的想法，无论任何状况，你都要超越自我。

努力启示

莎士比亚曾说：“聪明人会抓住每一次机会，更聪明的人会不断创造新机会。”年轻人对待机会要采取主动的态度，甚至要用我们的行动增加机会出现的可能性。著名剧作家肖伯纳说过一句非常富有哲理的话：“征服世界的将是这样一些人：开始的时候，他们试图找到梦想中的东西。最终，当他们无法找到的时候，就亲手创造了它。”真正的成功者不但要善于把握机会，更要善于创造机会。

挑战自己，努力是我的生命

让自己进步的方法很多，“每天做点困难的事”，就是“逼”自己进步的办法之一。美国学者爱默生说：“永远做你害怕的事！”毕业于哈佛大学的美国哲学家詹姆斯也说：“你应该每一两天做一些你不想做的事。”这两句话讲的都是同一个永恒不灭的真理，它是人生进步的基础和上升的阶梯。的确，谁不想安安稳稳地走完人生之路，谁愿意累死累活地跟自己过不去呢？可是，如果不这样，我们就不可能进步。

成功者在种种复杂而恶劣的环境里，仍然能一如既往地保持不断向前超越的观念。只有做到如此，才能获得更大的成功。成功，在于不断超越。超越是一种突变，一种解放，一种升华，正是这种超越，人类才能从蒙昧无知的洪荒远古走向文明昌盛的今天。只有勇于超越，不停地调整生命的目标，我们才能从一个高峰跃向另一个高峰，在生命的峰巅之上，领略壮美的风光。

法国著名的小说家小仲马，年轻时喜欢创作，头几年写的作品统统被编辑退回来。他父亲大仲马怕儿子受不了打击，便建议说：“你如果能在寄稿时告诉编辑你是大仲马的儿子，或许情况就会好多了。”小仲马固执地说：“不，我不想坐在你的肩头上摘苹果，那样摘来的苹果没味道。”年轻的小仲马不但拒绝以父亲的盛名做自己事业的敲门砖，而且不露声色地给自己取了十几个其他姓氏的笔名，以免让那些编辑把他与大名鼎鼎的父亲联系起来。

小仲马面对那些冷酷无情的一张张退稿笺，没有沮丧，他对自己说：“我能成功，一定能成功！”他的长篇小说《茶花女》寄出后，终于以其绝妙的构思和精彩的文笔震撼了一位知名的老编辑。这位编辑曾和大仲马有过多年的书信来往，他发现《茶花女》投稿人的地址和大仲马的地址丝毫不差，怀疑是大仲马另取的笔名。但作品的风格却和大仲马的迥然不同。他带着这些疑问去拜访大仲马。

令他大吃一惊的是，《茶花女》这部伟大作品的作者，竟是大仲马的儿子小仲马。“你为何不在你的稿子上署上你的真实姓名呢？”老编辑不解地问小仲马，小仲马说：“我只想拥有自己真实的高度。”

别人所给予的永远都不会属于你自己。一个想要成功的人，不应满足于送入笼中的食物，而应该努力掌握自己捕猎的技能，找寻开启这个世界的钥匙。没有什么神明能保佑你，能帮助你摆脱现状的唯有自己——你就是自己的主宰！懂得为自己奋斗的人，决不会满意于目前的成就，也不会因为他人的夸奖而沾沾自喜。他们总是不停地向前迈进，在他们的眼中，下一次的努力永远都可能创造更高的成就。

人的一生，最大的敌人不是别人，而是我们自己。只有超越自我，才能懂得怎样去衡量别人的价值；只有超越自我，才明白如何接纳自己以外的一切；只有超越自我，才能使自己的人生更加丰富多彩；只有超越自我，才能展望到生命的全貌，绘画出人生没有断点的轨道。

每一个人都应该永远记住这样一个道理，只有不断超越自我的人，才是一个真正聪明人。人生在世，你只要按照自己的禀赋发展自己，不断地超越心灵的绳索，你就不会忽略了自己生命中的太阳，而湮没在他人的光辉里。不要以为自己很聪明就不努力，你应该把聪明看作是自己你的一个新起点，而不是终点。一切都会成为过去，迎接你的将是一个个新的挑战。

奥托·瓦拉赫是诺贝尔化学奖获得者，他的成才极富传奇色彩。瓦拉赫在开始读中学时，父母为他选择的是一条文学之路，不料一个学期下来，老师为他写下了这样的评语：“瓦拉赫很用功，但过分拘泥，这样的人即使有高超的智慧，也绝不可能在文学上发挥出来。”父母亲尊重老师的意见，让他改学油画。可瓦拉赫既不善于构图，又不会润色，对艺术的理解力也不强，成绩在班上是倒数第一，学校的评语更是令人难以接受：“你是绘画艺术方面的不可造就之才。”面对如此“笨拙”的学生，绝大部分老师

认为他已成才无望，只有化学老师认为瓦拉赫做事一丝不苟，具备做好化学实验应有的品格，建议他试学化学。父母就接受了化学老师的建议。这下，瓦拉赫智慧的火花一下被点着了。文学艺术的“不可造就之才”一下子变成了公认的化学方面的“前程远大的高材生”。在同类学生中，他遥遥领先……

瓦拉赫的成功，说明这样一个道理：人的智能发展都是不均衡的，都有智能的优点和弱点，人一旦找到自己的智能的最佳点，使智能潜力得到充分的发挥，便可取得惊人的成绩。这一现象人们常称之为“瓦拉赫效应”。成功的诀窍在于经营自己的个性长处，经营长处能使自己的人生增值，否则，必将使自己的人生贬值。

人生是一条奔腾不息的河流，永远不会停留在一个地方，也不会停留在某一阶段，它需要不断地超越。超越是升华，是突变，是人生不可缺少的阶段。没有这种超越，一个人就不可能成长为一个真正的人；没有这种超越，人类就不可能从愚昧无知的远古走到文明昌盛的今天。人活在世上，不能总为自己的那点“小成绩”而沾沾自喜，贪图安逸享受，放弃了努力奋斗的过程。满足现状的人，永远也享受不到人生的真正乐趣。

努力启示

有一个心理学家曾经说过：“你一定比你想象的还要好。”但是许多人并不这样认为。杰出人士往往在小小年纪时就怀有大志，就想与众不同，开论遇到任何磨难，仍相信自己是最好的。你是不是有这样的信念，有别人打不倒的自信心呢？你的坚持有多强，你的自信就有多强，你的路就有多长。

多数人都想改造世界，但却很少有人想改造自己

人生在世，谁不渴望出人头地？美国成功哲学演说家金·洛恩说过这么一句话："成功不是追求得来的，而是被改变后的自己主动吸引而来的。"我们之所以没有成功，是因为在我们身上存在着许多致命的缺点，如没有明确的人生目标、缺少自信、做事情不脚踏实地、没有耐心等，这些缺点严重制约了我们的发展。只要对自己进行深刻的检讨，采取改进措施，你的精神面貌就会发生巨大变化，会感觉到自己在一天天地向成功迈进。

改变自己就要学会接受新事物，因为每个人都有着无限的潜能等待开发，只可惜，我们往往限制住自己的心态。科技进步的速度快得惊人，相对也引导社会各方面的发展，如果你仍一味地沿用旧的思想、旧的做法去做人做事，那就会被社会淘汰。所以千万不要当个死硬派，很多不该再坚持的观念，何苦抓住不放呢？接受新思想，摒弃不适当的旧观念，会使你改造自己，成为扩大格局的好起点。

福勒是美国一个黑人佃农的儿子。他 5 岁就开始参加家庭劳动，他们一家一直过着很贫穷的生活。福勒有一位不平常的母亲，她很早就发现福勒与其他 6 个孩子不同。母亲有意识地经常将福勒拉在身边，跟他谈论心中的想法。她反复地说："福勒，我们不应该贫穷！我们的贫穷不是由上帝安排的，而是我们家庭中的任何人都没有产生过出人头地的想法……"

我们的贫穷是因为我们没有奢想过富裕！这个观念在福勒的心灵刻下了深深的烙印，成就了他以后无比辉煌的事业。福勒改变贫穷的愿望像火花一样迸发了出来——他挨家挨户推销肥皂达 12 年之久，并由此获得了许多商人的尊敬和赞赏。一段时间以后，福勒不仅在最初工作的那个肥皂公司，而且在其他 7 个公司都获得了控股权。可以说，福勒获得了巨大的成功。他彻底

改变了家庭的贫穷，扭转了家庭的命运。

有人会说，我是很想立即改变现状，但周围的大环境就这样，不允许，没办法呀！他必定是忘了：一个人在面临无法改变的环境的时候，首先要学会改变自己，自己改变了，环境也会随着改变。西方有句谚语："生存决定于改变的能力。"不少人往往是一方面既想改变现状，另一方面又害怕承受痛苦，结果把自己弄得既矛盾又挣扎，折腾了一大圈又绕回到起点。改变是痛苦的，但是，如果不改变，那将是更大的痛苦。

成功学专家陈安之说："不要把赚很多钱当作是你人生最重要的目标。只要你能够成为最好的人物，最好的事情也就会发生在你身上。当你想要得到一切最美好的事物，你必须把自己变成最好的人。"所以，在失意的时候，不要急着抱怨这个世界不公平，世界从来不会因为某个人的抱怨而改变。不如改变自己来适应环境，如果人是正确的，他的世界就是正确的。

"适者生存，不适者则被淘汰"，这是自然规律，世上的事物时时刻刻都在发生着改变。如果你跟不上社会的步伐，你会被社会抛得越来越远。面对这样的状况，只有改变自己才是出路。许多时候，担心是多余的，欣然地面对现实，勇敢地接受挑战，就会塑造一个"全新的自己"。人生是由一连串的改变形成的。当你的环境、教育、经验、吸收的信息发生变化，你的心理多多少少都会产生不同程度的变化。改变就是机会，只要你及时处理，就会有好的机会与开始，而且，唯有良好的自我改变，才是改变事情、改造状况，甚至改变环境的基础。

在27岁时，原一平才进入日本明治保险公司开始他的推销生涯。当时，他穷得连午餐都吃不起，经常露宿公园。

有一天，他向一位老和尚推销保险。等他详细地说明之后，老和尚平静地说："听完你的介绍之后，丝毫引不起我投保的意愿。"老和尚注视原一平良久，接着又说："人与人之间，像这样相对而坐的时候，一定要具备一种强烈的吸引对方的魅力，如果你做不到这一点，将来就没什么前途可言了。"原一平哑口无言，冷汗直流。

老和尚又说："年轻人，先努力改造自己吧！"

“改造自己？”

“是的，要改造自己首先必须认识自己，你知不知道自己是一个什么样的人呢？”

老和尚又说：“你在替别人考虑保险之前，必须先考虑自己，认识自己。”

“考虑自己？认识自己？”

“是的！赤裸裸地注视自己，毫无保留地彻底反省，然后才能认识自己。”

从此，原一平开始努力认识自己，改善自己，大彻大悟，终于成为一代推销大师。

一个人如果不先改正自己的缺点和不足之处，使自己成为一个人格完善的人，就很难获得成功，更谈不上去影响去改变别人。人活在世上的任务首先改变自己，进而改变世界。如果同事对你不友善，你不去改正自己的缺点，即使你换个单位也没用；如果你的成绩提不高，你不去改变学习方法和学习态度，即使换了老师也没用。只要你改变，生活也会随之改变。

世界是在不断发展变化的，每个人也是在不断发展变化的。变化始终存在，不管这变化是好是坏，我们必须接受，而变化的好坏往往取决于人的适应能力。要适应瞬息万变的社会，我们必须做出改变，而且，改变必须从今天开始，马上开始，从自己开始，从每一件小事开始。这样才能获得成功！

努力启示

适者生存，这是人类一切问题的答案。试图让整个世界适应自己，这便是麻烦所在。试图让一切适应自己，这是很幼稚的举动，而且是一种不明智的愚行。想要改变世界很难，而改变自己则较为容易。如果你希望看到自己的世界改变，那么第一个必须改变的就是自己。

尽最大的努力，做最好的自己

对于那些永不满足，希望人生能不断实现突破的人来说，人生最精彩的部分永远是在下一次，在未来。永远对未来充满憧憬，才能以更好的心态去面对、去希望，然后用这种满怀希望的心态做事，才能取得更大的成就。

优秀的人永远把现在的成就看作是一个新的起点，现在的成功只是万里长征中的第一步；而普通人取得一点成就，就扬扬得意，满足于现状。所以，优秀者一步一步从优秀走向卓越，而普通人故步自封，往往坐吃山空。被无知蒙蔽双眼、绊倒自己，其中可悲与悔恨想必每个人都曾有过。并不是我们天生愚昧，而且认识自己、认识事物时，你在做途中跑，而没有尽快地跑到最终。

世界顶尖潜能成功学大师安东尼·罗宾在心灵革命的课程中，为了证明人类的巨大潜能曾做过下面的实验：

那是一种赤足从火上走过的课程，在整堂课里，所有的学员都必须面对火红炽热的木炭所铺成的“火路”，然后大胆地赤足走过。对于那些没有这种经验的人来说，那是极为骇人的场面，有的人哭叫，有的人腿软了，更有的人浑身发抖，甚至有人苦苦哀求免去这种“考验”，不过最终所有的学员还是得走过这条路，因为没有经历过这场考验的人，就无法在随后的课程中取得最大的效果。

对此，安东尼·罗宾说：“我们当中很少有人有过这样的经验，但是有不少人看见过他人赤足走过火路的场面，特别是在寺庙的拜火祭典中。当我们看见别人平安走过火堆之后，总以为是神明在庇护那些人，或是有人预先在火堆中做了手脚，殊不知只要在妥善安排的情况下，人人都能平安走过。”

根据美国一些科学家的观察与测试，发现不需要用跑，只要步行的速度足够快，便不容易灼伤脚底。因为每当脚掌在接触火炭的瞬间，便会立即释放出汗水，形成一层绝缘体，在那层汗膜尚未蒸发前提起脚掌，汗水便吸收先前的热量而化为蒸气消逝，因而脚掌丝毫不会受到损伤。

由于大多数人不了解人体的神奇机能，以无知来接触那些自己视为可怕的遭遇，便容易陷入畏缩不前的状态中。当那些研讨会的学员在咬紧牙关平安走过火堆后，他们整个观念会有很大的改变，因为原先认为做不到的事情，竟然轻易可以实现，而且毫发无损。原来，“任何限制都是从自己的内心开始的。”

在这个世界上，有两种人很可能一生一事无成：一种是自甘堕落、无所追求的人；一种是那些轻易就觉得满足，从此不思进取的人。对于大多数受过高等教育的年轻人而言，理想教育在他们心底早已根深蒂固，教育专家们所担心的不再是个人的盲目、无知，而是要考虑怎么帮助他们树立可行的、实际的目标和理想。

在艺术界，毕加索的的大名无人不知。这位西班牙著名的画家，活了91岁。而在90岁高龄时，当他拿起画笔开始创作一幅新画的时候，对眼前的事物仍然好像是第一次看到的一样。年轻人总喜欢探索新鲜事物，探索解决新问题的方法，他们朝气蓬勃，热衷于试验，从不安于现状；老年人总是怕变化，他们知道自己什么最拿手，宁愿把过去的成功之道如法炮制，也不愿冒失败的风险。可毕加索不是普通人，当他90岁时，仍然像年轻人一样生活着，不安于现状，寻求新思路和新的表现手法，所以他成了20世纪最负盛名的画家之一。

毕加索生前体验了从穷困潦倒到荣华富贵的转变，其艺术作品也经历了从无人问津到被人高度赞赏两种境遇。这正是他永远把现在的成就看作是成功的一小步，满怀希望地憧憬着下一次的成功，永不满足、不懈追求的结果。

“球王”贝利在足坛上初露锋芒时，有个记者曾问他：“你觉得，自己哪个球踢得最好？”他回答说：“下一个！”当贝利在世界足坛上大红大紫、踢进1000个球之后，记者又问他同样的问题，而他仍然回答：“下一个！”在事业

上有所建树的人都同贝利一样，有着永不满足、不断进取的精神。

因此，我们说，这一代的年轻人，如果了此一生时仍无所作为，那他多半属于容易满足的人。古人云：路漫漫其修远兮，吾将上下而求索。这是对知识、对自我的一种永不满足，也只有这样的人，才能最终成就他的伟大。

认识自己、把握自己，从而不断地“修筑”自己，你的事业才能尽快扬帆启航。在远行的途中，任何光彩夺目的成就只是迈向事业成功的一小步。只有不满足于现在的成就，才能认识到自己在成功的道路上只走了一小步；只有不满足，才会懂得不断地提高和完善自己；只有不满足，才会渴求下一次更大的成功。

参考文献

[1] 刘以．能力很重要，努力更重要 [M]．北京：中国长安出版社，2007．

[2] 金泽灿．方法比努力更重要 [M]．海拉尔：内蒙古文化出版社，2008．

[3] 王明哲．方法比想法更重要 [M]．北京：中国言实出版社，2011．

[4] 小川叔．努力，才配有未来 [M]．长沙：湖南文艺出版社，2015．

[5] 吴淡如．最努力的时候运气最好 [M]．南京：江苏凤凰文艺出版社，2015．